ニコラ・トリュオングとの対談録

大地に住む

HABITER LA TERRE

ブリュノ・ラトゥール
荒金直人　訳

以文社

大地に住む　目次

凡例

・本書は Bruno Latour, *Habiter la Terre, Entretiens avec Nicolas Truong*, Paris : Éditions Les Liens qui Libèrent et Arte Éditions, 2022 の全訳である。

・本訳書の底本である『Habiter la Terre』は基本的には映像作品『ブリュノ・ラトゥールとの対談』を元に作られている。« Entretien avec Bruno Latour », réalisation par Nicolas Truong et Camille de Chenay, production par YAMI 2, diffusion par ARTE France, 2022.

・この映像作品の元になる対談は二〇二一年十月に四回に分けて行われたようである。

・この対談の録音はオーディオブックの形式で入手可能であり、その題名は『エコロジー的変動』となっている。Bruno Latour, *La mutation écologique, Entretiens avec Nicolas Truong*, Frémeaux & Associés, 2023/06/07. 映像作品『ブリュノ・ラトゥールとの対談』の収録時間が合計一時間四十五分（前半・後半ともに五十二分強）なのに対して、オーディオブックの録音時間は四時間二十七分に及ぶので、映像作品を制作する際に、対談が少なくとも五分の二の長さにまとめられたと考えて良い。（対談の最初の記録資料をオーディオブックの形式にまとめる際にも、当然ながら編集が行われている。また、映像作品の冒頭部分には、オーディオブックには含まれていない会話もある。）

・本書の底本であるフランス語原典『Habiter la Terre』の文面と、その元となる映像作品やオーディオブックで確認できる対談者たちによって実際に発された言葉との間には、単語や構文だけでなく、文章の構成に関しても、多くの異同がある。話し言葉と書き言葉の間には文体上の違いがあるし、話し言葉は冗長になりがちなので、対談を書き言葉に改める際に調整が為されることの必要性は明らかである。本書の巻末にも記されているように、ローズ・ヴィダルなる人物が書き直しと再構成の作業を担当したとされる。

・しかし、その作業がラトゥール自身によって行われたのではない以上、本訳書を作成するにあたって訳者は、特に底本の文意が明確でない場合や、文字起こし、書き直し、再構成などの際の不手際が疑われる場合は、映像作品やオーディオブックを視聴して、元の言葉やその抑揚などを手掛かりに、話の流れと文意を確認した。それに基づいて、底本からの解釈の変更を伴うような修正が必要な場合は注で示したが、多くの場合、訳者の判断で特に断りなく微修正を施した。したがって、底本の文面と訳文とを比較することによって見出される意味上の不一致には、映像作品や特にオーディオブックにその根拠がある。

・底本『Habiter la Terre』において文章化されている内容が映像作品の中に見当たらない場合もあるが、その場合でもオーディオブックの録音にまで遡ればほぼ全てが確認できる。本訳書における文意確認の最終的な根拠はオーディオブックである。

・底本に注はなく、本訳書の注は全て訳者による。ただし、底本で本文中に記された書誌情報を、訳書では注に移し、詳細を付したような場合もある。

・本書の底本『Habiter la Terre』の対談部分の最初の二章（「世界の変更」と「近代性の終焉」）には、『地球に住む』と題された池田信虎氏と上野隆氏による抄訳がある。『現代思想』二〇二三年三月号、青土社、八－十六頁。

大地に住む

ニコラ・トリュオングとの対談録
ローズ・ヴィダルの協力のもとで

序文——ニコラ・トリュオングによる

伝えたいという気持ち、説明したいという気持ち。そしてまた、納得したいという気持ち。一つの思想の整合性についての、その気持ち。彼が取り組んだ諸主題の見かけ上の散漫と多様性が、部分的に、その整合性を隠蔽していた。ブリュノ・ラトゥールは、生活が——特に精神生活が——凝縮している自覚のある瞬間にしか生じないような、率直さと大きな喜びと力強さを以て、パリにある彼のアパルトマンで、この一連の対談に応じたのだった。全てを集中させ、要約し、展開して見せること——そうすることとの緊急性の感情に結び付いた平静さ、そうすることとの切迫性や必要性と切り離すことのできない内在性。明瞭さへの配慮、会話の喜び、巧みな説得力。あたかも全てが解明されるかのようであった。しかし同時に、最期の瞬間が近づいていた。二〇二二年十月九日、ブリュノ・ラトゥールは、七十五歳で逝去した。彼は、同世代のフランスの知識人たちの中でも、最も重要な人々のうちの一人だった。二〇一八年十月二十五口の『ニューヨーク・タイムズ』紙には、「最も有名で最も理解されないフランスの哲学者」と記されていた。

ブリュノ・ラトゥールは、外国では有名で称賛されており、彼の業績全体に対してホルベア賞（二〇一三年）や京都賞（二〇二一年）が与えられたが、確かに彼は、暫くの間、フランスでは理解されなかった。彼の研究対象が非常に雑多であるように見えたからである。彼がほとんど全ての知の領域に触れたことは確かである。エコロジー、法律、現代性、宗教、そしてもちろん科学と技術。彼の最初の、そして爆発的な影響を及ぼした研究は、実験室の生活についてのものだった。

彼が理解されなかった理由の一つとして、フランスの哲学が、多くの場合、科学思想や科学実践から距離を取っていたことが挙げられる。このことの特筆すべき例外は、ミシェル・セールである。ブリュノ・ラトゥールは、セールとの対談集『解明』を出版している。[*1]

社会学者ブリュノ・カルサンティ[*2]が改めて言うように、「彼〔ラトゥール〕は、政治思想の争点が丸ごとエコロジーの問いの中にあることを察知した最初の人物だった」。ミシェル・セールの『自然契約[*3]』（一九九〇年）と響き合うようにして既に一九九九年に書かれた『自然の政治[*4]』の出版が、そのことを示している。

聖像破壊的な社会学者

しかし、この聖像破壊的な社会学者を一般大衆により広く知らしめたのは、おそらく、エコロジーを扱い、問いの形式で与えられた著作、『どこに着地すべきか』[*5]と『私はどこにいるのか』[*6]の二冊だろう。

＊1 Michel Serres, *Eclaircissements. Cinq entretiens avec Bruno Latour*, Paris : Éditions François Bourin, 1992 ; réédition Le Pommier, 2022. ミッシェル・セール著、梶野吉郎・竹中のぞみ訳、『解明 M・セールの世界――B・ラトゥールとの対話』、法政大学出版局、一九九六年。

＊2 Bruno Karsenti.

＊3 Michel Serres, *Le contrat naturel*, Paris : Éditions François Bourin, 1990 ; réédition Le Pommier, 2018 ; nouvelle édition Flammarion 2020. ミッシェル・セール著、及川馥・米山親能訳、『自然契約』、法政大学出版局、一九九四年。

＊4 Bruno Latour, *Politiques de la nature. Comment faire entrer les sciences en démocratie*, Paris : Éditions La Découverte, 1999.

＊5 Bruno Latour, *Où atterrir ? Comment s'orienter en politique*, Paris : Éditions La Découverte, 2017. ブルーノ・ラトゥール著、川村久美子訳、『地球に降り立つ――新気候体制を生き抜くための政治』、新評論、二〇一九年。

＊6 Bruno Latour, *Où suis-je ? Leçons du confinement à l'usage des terrestres*, Paris : Éditions La Découverte, 2021.

一九四七年六月二十二日、コート＝ドール県の町ボーヌで、由緒あるブルジョアのワイン商の家系に生まれたラトゥールは、私たちの時代の最も影響力のある哲学者の一人になり、エコロジー的破綻を打開しようと腐心する新たな世代の知識人、芸術家、活動家たちに指針を与えるようになった。

フィリップ・ピニャールが『ラトゥール／ステンゲルス、錯綜する二重飛行』[*7]の中で語っているように、ラトゥールは、哲学者イザベル・ステンゲルス[*8]との間に、長期間にわたる知的友情を保った。そして、彼女の言う「ガイアの乱入」以来、ブリュノ・ラトゥールは、私たちの現在の生活の枠組みである「新気候体制」について考え続けた（『ガイアに向き合う』[*9]）。と言うのも、彼の説明によれば、私たちが人新世の時代に突入し、人類が地質学的な力となったときから、「私たちは世界を取り換えた」のだ。「私たちはもはや同じ大地には住んでいない」と彼は断言していた。

近代人は、十七世紀から、自然と文化の分離、客体と主体の分離が、実質的なものだと信じていた。彼らは、「非人間」（人間以外のもの）が私たちにとって異他的な物であると主張したが、その一方で、それらと絶えず折り合いを付けていた。ラトゥールが、「私たちは決して近代的ではなかった」と、この言葉が題名となった著作[*10]の中で宣言するのは、この意味においてである。

生物は自らの生存条件を作り出す

しかし、「当時のガリレオによる発見と同じくらい重要」かもしれないと彼が言う一つの発見が、イギリスの生理学者・化学者・技術者であり、『地球生命圏――ガイアの科学』[*11]の著者であるジェームズ・ラヴロック（一九一九〜二〇二二年）によって為された。生物の生存条件を作り出しているのは生物自身だと言うのである。大気は所与のものではなく、独自の恒常性を有してはいない。そう

＊7 Philippe Pignarre, *Latour-Stengers, un double vol enchevêtré*, Paris : Éditions La Découverte, 2021 ; réédition Éditions La Découverte, 2023.

＊8 Isabelle Stengers.

＊9 Bruno Latour, *Face à Gaïa. Huit conférences sur le Nouveau Régime Climatique*, Paris : Éditions La Découverte, 2015. ブルーノ・ラトゥール著、川村久美子訳、『ガイアに向き合う――新気候体制を生きるための八つのレクチャー』、新評論、二〇二三年。

＊10 Bruno Latour, *Nous n'avons jamais été modernes. Essai d'anthropologie symétrique*, Paris : Éditions La Découverte, 1991. ブルーノ・ラトゥール著、川村久美子訳、『虚構の「近代」――科学人類学は警告する』、新評論、二〇〇八年。

＊11 J. E. Lovelock, *Gaia: A New Look at Life on Earth*, Oxford : Oxford University Press, 1979. James Lovelock, trad. Paul Couturiau et Christel Rollinat, *La Terre est un être vivant. L'hypothèse Gaïa*, Paris : Flammarion, 1993. J・E・ラヴロック著、星川淳訳、『地球生命圏――ガイアの科学』、工作舎、一九八四年。

ではなく、大地に住む全ての存在によって作られているのである。このことは、微生物学者リン・マーギュリス[*12]にも確認された。

つまり私たちは、地球という惑星を覆い尽くす塗料のような薄膜、厚さ数キロメールの薄い皮の中で生きているのであり、例えばパリ地球物理学研究所の地球化学者ジェローム・ガイヤルデ教授のような科学者たちは、それを「臨界領域」〔zone critique／クリティカル・ゾーン〕と呼んでいる。今や私たちは、大地の外で生きるのではなく、その被膜に「着地」して、その被膜の居住可能性の条件を維持しなければならない。ブリュノ・ラトゥールがガイアという名を与えるのは、この被膜に対してである。そのとき彼は、一つの科学的仮説を引き受けるのと同時に、あらゆる神々の母体である「母なる女神」をガイアと呼んだ古代ギリシアに由来する神話もまた引き受けている。

と言うのも、私たちはコスモロジー〔宇宙論〕も転換したのである。世界の表象、そして私たちを取り巻く諸存在の表象は、もはや以前と同じではない。地球という惑星を他の天体と類似したものと見做すことで、ガリレオ革命は、科学哲学者アレクサンドル・コイレ（一八九二〜一九六四年）の言うように、「閉じた世界から無限の宇宙へ」の移行を可能にした。[*13]ガリレオは視線を天に向け、ラヴロックは地に向けた。「より完全であるためには、ガリレオの言う動く地球に、ラヴロックの言う動揺する地球を付け加えなければならなかった」と、ブリュノ・ラトゥールは概括する。

それゆえ彼の哲学は、エコロジー危機を改めて一から考えることを可能にする。そしてまた、「この新たな大地に着地する」ために行動することを可能にする。どのようにしてだろうか。自己描写によってである。それは、各々が、そして各々の市民が、「生活の場〔どこで生きているのか〕ではなく生活の糧〔何を糧にして生きているのか〕を描写すること」、そして各々が依存している領地の地図を製作することに存する。この自己描写の手本となるのは何だろうか。フランス革命の際に、第三身分〔平民階級〕が自らの領地を描写し、自らが被っている不平等を列挙した、陳情書である。なぜなら、「自己描写することのできる人々は、自らを政治的に新しい方向に向け直すことができる」。このようにラトゥールは主張していた。

その方法は何だろうか。調査である。彼は、調査の力を絶えず主張し、絶えず体感していた（『調査の力』[*14]）。実践的な人間として、そして経験主義の哲学者として、ラトゥールは、「黄色いベスト」

＊12　Lynn Margulis, 1938-2011.
＊13　Alexandre Koyré, *From the Closed World to the Infinite Universe*, Baltimore : The Johns Hopkins University Press ; trad. Raïssa Tarr, *Du monde clos à l'univers infini*, Paris : Presses universitaires de France, 1962 ; Éditions Gallimard, 1973. アレクサンドル・コイレ著、横山雅彦訳、『閉じた世界から無限宇宙へ』、みすず書房、一九七三年。野沢協訳、『コスモスの崩壊——閉ざされた世界から無限の宇宙へ』、白水社、一九七四年。

危機の後に、共同会議体《コンソーシアム》「どこに着地すべきか」と共に、ラ・シャトル（アンドル県）、サン＝ジュニアン（オート＝ヴィエンヌ県）、リス＝オランジス（エソンヌ県）、スヴラン（セーヌ＝サン＝ドニ県）などで、一連の自己描写の作業部会を指導した。「あなたは存在するために誰に依存していますか」という問いが、「不明瞭な苦情から陳情へと移行する」ための中心的な問いであることが明らかになる。それは、新たな同盟関係を結ぶために必要な問い掛けなのだ。

このような問題提起の技法は、最初の〔コロナウイルス感染防止対策による〕自宅隔離の際に発表された、自己描写の補助手段としての「質問事項」の中に凝縮されている。この「質問事項」には大きな反響があったが、それは次のような質問で始まり、自宅隔離された多くの人々を熟慮へ導いた。「現在中断されている活動の中で、あなたが再開を望まないものは何ですか」（二〇二〇年三月三十日に発表された『危機以前の生産への回帰に対する予防策を想像する』[*15]より）。

思考の共同作業

共同会議体「どこに着地すべきか」は、この共同的な思想家が作り続けてきた基礎研究のための様々な仕組みのうちの一つであり、例えば、彼が運営委員を務めた最近の二つの展覧会も同様の趣旨である。一つ目の展覧会は、カールスルーエ市の芸術メディア・センター（ZKM）で、オーストリアの芸術家ペーター・ヴァイベルの協力の下で行われた（『クリティカル・ゾーン』[16]）。ラトゥールは二〇〇二年にもヴァイベルの協力を得て『聖像衝突』展を開催している。[17]もう一つの展覧会は、ポンピドゥー・センター・メスでのものであり、マルタン・ギナールとエヴァ・リンの協力の下で行われた（「あなたと私は同じ惑星で生きていない」[18]）。

それらの展覧会は、ある考えを分かりやすく説明したり、ある哲学を舞台上で表現したりするためではなく、ある「思考の経験」を生み出すためのインスタレーションやパフォーマンスで構成されており、異なる専門分野を芸術実践と関係付けて、その繋がりが新たなコスモロジーを映し出すことができるようにしていた。「私が自分自身に提起する幾つかの問いを、私自身は解決すること

＊14　*Puissances de l'enquête. L'École des Arts politiques*, dirigé par Frédérique Aït-Touati, Jean-Michel Frodon, Bruno Latour, Donato Ricci, Paris : Éditions Les Liens qui Libèrent, 2022.

＊15　Bruno Latour, *Imaginer les gestes barrières contre le retour à la production d'avant-crise*, Paris : AOC, 2020.

＊16　*Critical Zones. The Science and Politics of Landing on Earth*, edited by Bruno Latour and Peter Weibel, ZKM, MIT press, 2020.

＊17　*Iconoclash. Beyond the Image Wars in Science, Religion, and Art*, edited by Bruno Latour and Peter Weibel, ZKM, MIT press, 2002.

＊18　Centre Pompidou-Metz, Exposition : « Toi et moi, on ne vit pas sur la même planète », du 6 novembre 2021 au 4 avril 2022, Commissariat : Bruno Latour, Martin Guinard et Eva Lin.

ができないので、その問いについて私以上に知っている専門家たちや、私とは非常に異なる感受性を持っている芸術家たちに助けを求めています。芸術家たちとの接触が思想を生み出すことを可能にするのです」と、彼は述べていた。

ブリュノ・ラトゥールが集団や組織を利用して、共同作業で思考し、チームを組んで考察していたことは確かである。例えば、パリ政治学院で彼が研究部長のとき（二〇〇七〜二〇一二年）に創設した幾つかの計画の中で、以下のものを挙げることができる。「メディアラボ」は、二〇〇九年に設立された学際的な研究所で、デジタル通信技術と社会との関係についての研究を行っており、現在は社会学者ドミニク・カルドン[*19]によって運営されている。SPEAP〔芸術と政治の実験プログラム〕は、二〇一〇年に始動した政治技術の研究課程であり、ブリュノ・ラトゥールの印象的な講演パフォーマンス『ムーヴィン・アース〔地球たちの動き〕』（二〇一九年[*20]）を演出した科学史家で劇作家でもあるフレデリック・アイ＝トゥアティが現在の責任者である。

ブリュノ・ラトゥールはまた、「科学と技術の分析における諸議論の地図作成による教育」(Forccast)を始動させたが、これは社会学者ニコラ・ベンヴェニュ[*21]によって推進されている。この組織は、社会的な問題と空間的な問題、地理的な問題と科学的な問題などを混ぜ合わせる、公の議論の複雑さを研究対象とし、それを可視化することを目的にしている。例えば最近では、外来植物についての論争を対象とした研究が為されたが、その場合も同様の複雑さが確認された。

彼はまた、「テラ・フォルマ」を始動させた。これは、特にアレクサンドラ・アレーヌとアクセル・グレゴワールという二人の若い建築家によって実行された。彼らは、風景についての問いを領土政策に関連付けている。[*22] もちろん、既に言及した共同会議体「どこに着地すべきか」を忘れてはならない。そこでブリュノ・ラトゥールは、特に建築家ソエイユ・アジミルババ[*23]や作曲家ジャン＝ピエール・セイヴォス[*24]と共に仕事をしている。

仕事は、家族とも共に為されていた。彼の妻シャンタル・ラトゥール[*25]は、音楽家であり、共同制作の作業部門に特化した団体「エス・コンポジシオン」の調整役、仲介役であり、芸術関係の協力

*19 Dominique Cardon.
*20 *Moving Earths*, Bruno Latour et Frédérique Aït-Touati.
*21 Nicolas Benvegnu.
*22 Frédérique Aït-Touati, Alexandra Arènes, Axelle Grégoire, *Terra Forma : Manuel de cartographies potentielles*, Paris : Editions B42, 2019.
*23 Soheil Hajmirbaba.
*24 Jean-Pierre Seyvos.
*25 Chantal Latour.

者だった。彼の娘クロエ・ラトゥール[*26]は、弁護士で演出家であり、フレデリック・アイ＝トゥアティと共に、ブリュノ・ラトゥールによって構想された戯曲を「ガイア・グローバル・サーカス」として演出した。「会社〔firme《フィルム》〕ではなく農家〔ferme《フェルム》〕であり、そこには父と母と娘がいます」と言って、ブリュノ・ラトゥールは面白がっていた。その一方で彼の息子ロバンソン[*27]は、脚本家の職業の道を歩んでいる。

社会は存在しない

ブリュノ・ラトゥールが、演劇や歌唱の瞬間が際立つ作業の中で、それらの連合団体を共同で推進し、それらの関心事の地図作成に貢献するのを見ることは、印象的な経験だった。なぜなら、その存在感とその煌めきにも拘らず、哲学者ラトゥールは、決してそこで突出することなく、共感的に耳を傾け、私たちの生存条件についての調査や、共有された横断的な諸経験の中に、完全に身を投じていたのである。

彼にとって集合体がこれほどまでに重要であるのは、社会学についての彼の見方にその理由がある。彼は社会学を、社会性についての学問としてではなく、諸連合についての学問と見做している（『社会的なものを組み直す』[*28]）。「社会が上部構造によって持続しているのではなく、集合体が集合体の形成者たちによって持続している」と、行為者網〔アクターネットワーク〕の理論家であるラトゥールは主張していた。彼は、社会科学の歴史の中では、（エミール・デュルケームに由来する）説明の社会学よりも、（ガブリエル・タルドに近い）描写の社会学の方に接近している。

ミシェル・フーコーは、コレージュ・ド・フランスでの彼の最後の講義のうちの一つで、「社会を守る」ことの必要性を主張していた。ブリュノ・ラトゥールは、社会が存在しないこと、社会が所与のものではないことを説明し、「社会性というものを、同じ共通の世界に属しているという居心地の良い確信を打ち砕いて現れる驚くべき諸存在の間の新たな連合と見做す」べきであることを説明する。社会性が絶えず変化するからこそ、調査のための別の領域や別の方法が必要になる。それゆえ、彼の『存在様式の調査』[*29]が極めて重要になる。その調査の中で彼は、複数の「真理体制」が存在することを明らかにしている。

＊26　Chloé Latour.
＊27　Robinson Latour.
＊28　Bruno Latour, *Reassembling the Social. An Introduction to Actor-Network-Theory*, Oxford : Oxford University Press, 2005. Bruno Latour, trad. Nicolas Guilhot, *Changer de société, refaire de la sociologie*, Paris : Éditions La Découverte, 2006. ブリュノ・ラトゥール著、伊藤嘉高訳、『社会的なものを組み直す——アクターネットワーク理論入門』、法政大学出版局、二〇一九年。

ブリュノ・ラトゥールがエコロジーを研究するようになったのは、自然主義者が行うような何らかの実践を通じてではないし、大空間や原生自然への没入に対する明確な嗜好によってでもない。たとえ、彼がブルゴーニュ地方の出身であるということが、農産地や領地という概念に対して敏感になる原因だったのかもしれないとしても。そうではなく彼は、科学社会学を通じてエコロジーに至ったのである。米国カリフォルニア州サンディエゴのソーク研究所の中枢で、ブリュノ・ラトゥールは、一九七七年にノーベル生理学・医学賞を受賞することになる内分泌学者ロジェ・ギユマン教授[*30]の研究チームによるエンドルフィンの発見に立ち会うという幸運に恵まれた。

彼は特に、「如何にして人工的な場所が確かな事実を確立することができるのか」を観察する。ブリュノ・ラトゥールは、古典的な認識論から距離を取り、科学というものが、自然と文化を、あるいは確実性と意見を、対立させない実践であることを理解する。科学は論争で作られているのであり、社会的に構築されているのである（『ラボラトリー・ライフ　科学的事実の構築[*31]』）。

科学についてのこの異端の民族学ゆえに、彼は「相対主義」であるとして非難された。彼が科学的真理の存在を否定すると思われたのである。しかし彼の社会学は「関係主義的」であり、ある特有の真理形式に到達することを可能にする理論的、経験的、社会的、技術的諸要素を関係付けるのである。

「還元主義の過剰服用」

彼の方法は、法律や宗教に対しても同じである。ブリュノ・ラトゥールは真理言表〔véridiction／誠実さ〕の諸体制に関心がある。「法律的に語るとは如何なることか」、「宗教的に語るとは如何なることか」。詳しく限定された諸真理に接近するこのような仕方は、一九七五年に彼が提出した哲学の博士論文『釈義と存在論』に密接に関係している。[*32] なぜならブリュノ・ラトゥールは、諸媒介

＊29 Bruno Latour, *Enquête sur les modes d'existence. Une anthropologie des Modernes*, Paris : Éditions La Découverte, 2012.

＊30 Roger Charles Louis Guillemin (1924-). 一九六五年にアメリカ国籍取得。「ギルマン」とも表記される。

＊31 Bruno Latour and Steve Woolgar, *Laboratory Life. The Construction of Scientific Facts*, London : Sage Publications, 1979 ; Princeton : Princeton University Press, 1986 ; trad. Michel Biezunski : *La vie de laboratoire. La production des faits scientifiques*, Paris : Éditions La Découverte, 1988. ブリュノ・ラトゥール＋スティーブ・ウールガー著、立石裕二・森下翔監訳、『ラボラトリー・ライフ　科学的事実の構築』、ナカニシヤ出版、二〇二一年。

＊32 Bruno Latour, *Exégèse et ontologie, à propos de la résurrection*, thèse soutenue à l'Université de Tours sous la direction de Claude Bruaire, 1975 ; repris dans Bruno Latour, *La religion à l'épreuve de l'écologie*, Paris : Éditons La Découverte, 2024, pp. 169-371. 原文の「étroitement liées」を「étroitement liée」と読み替えて訳出した。

を省かずに、一点一点を順に辿って哲学するのである。

リセ最終学年〔高校三年次に相当〕での哲学との出会いが彼を転向させた。「私は、自分は哲学者になるのだと、直ちに理解しました。なぜなら、その他の知識は、逆説的にも、より不確かであるように私には思われたのです」と、彼は述べていた。ニーチェの読書によって、彼は、誰もが十八歳のときにそうしたがるように、偶像を破壊するように導かれたが、しかし特に、「基礎という概念の厳しい批判」を推し進めるように導かれた。

ラトゥールは、一九六〇年代にキリスト教青年学生同盟に加入したが、そこで活動をしていた青年時代から、政治的エコロジーを扱う最晩年の著作の時期に至るまで、カトリック教徒であり社会主義者でもあったシャルル・ペギーの読書を続けていた。「最近までペギーを反動主義者と見做す理由とされていたもの、受肉についての彼の文章や、土地や愛着についての彼の思想は、今日、もはやどの空間に住むべきなのか分からなくなってしまった私たちが置かれている状況を、彼の視点から、解明することを可能にします。昨今、エコロジー的破局を恐れて行動を起こす多くの若者たちが話題になっています。ところがペギーは次のことを理解していました。つまり、近代世界は私たちから生成〔engendrement〕の能力を奪うのであり、この喪失は一つの悲劇なのであると」。そして、ベルナルド会修道者学校[*33]の『ラウダート・シ[*34]』講座の構成員たちと共に、以下のことについて、もう一度言っておくことが重要である。『ガイアに向き合う』が出版されたのと同じ二〇一五年の回勅において放たれた「教皇フランシスコの預言的な呼び掛け」は、ブリュノ・ラトゥールにとって、「神的な驚き」だった。実際、神学者フレデリック・ルゾ、歴史学者グレゴリー・クネ、神学者オルリック・ド・ジェリスらの説明によれば[*35]、「ブリュノ・ラトゥールは、『ラウダート・シ』における二つの重要な革新に直ちに気付いていた。つまり、大地の荒廃と社会的不正との関連付け。そして、大地自体が行為したり被害を被ったりする潜在力であることの再認識。更に彼は、これら二つの革新が「クラムール」〔clameur／非難の叫び声〕という語に結び付けられていることを確認していた。この語は、ラテン語でもフランス語でも、法律的な起源を持っている。つまり、大地と貧民は告訴しているのだ」。

ブルゴーニュ地方の若い教師であったラトゥールは、ある直感的認識を得た。ある種の主の公現である。一九七二年、ディジョンとグレー（オート＝ソーヌ県の町）結ぶ道の途中で、彼は「疲労のようなもの」を感じ、「還元主義の過剰服用の酔いから覚めて」、路肩に車を止めた。実際、誰もが、

＊33　Collège des Bernardins.
＊34　Francisci summi pontificis, *Litterae Encyclicae LAUDATO SI'*, Libreria Editrice Vaticana, 2015. 教皇フランシスコ著、『回勅　ラウダート・シ』、カトリック中央協議会、二〇一六年。
＊35　Frédéric Louzeau ; Grégory Quenet ; Olric de Gélis.

自分を取り巻く世界を一つの原理、一つの考え、一つの意見に還元しようとしている。『非還元』の中で彼は次のように記している。「キリスト教徒であるとき、人は世界を自身に還元することのできる神、それゆえ世界を創造するに至る神を愛する。〔中略〕天文学者であるとき、人は宇宙の起源を探究し、宇宙の展開をビッグバンから演繹するに至る。数学者であるとき、人は残り全てを必然的帰結や結果として含むような諸公理を探究する。哲学者であるとき、人はそれを起点とすれば残り全てが現象でしかないような根本的基盤を見出すことを期待する。〔中略〕知識人であるとき、人は庶民の簡素な実践や簡素な意見を思考の生に帰着させる[*36]」。

ところが、そのとても青い冬空の日に彼は理解したのだが、「何も如何なるものにも還元されない。何も他の如何なるものからも導出されない。全てはどんなものとでも同盟を結ぶことができる」のである。これが彼の「十字を切る身振り」だった。その身振りは、「悪霊を一つずつ追放するかのようだった。そしてその日から、形而上学の神が私の不安を煽りに戻って来ることは、もう二度となかった」と、彼は記している[*37]。これが、彼の哲学全体を方向付けたコスモロジーだったのである。と言うのも、もし彼が職業上は社会学者であったとしても、彼は最後まで哲学者のままだったのだ。

科学を観察する

テレビ局「アルテ」（Arte）のために制作されたこの一連の対談の中で、彼はほとんど涙声で、「本当に美しいですね、哲学は」という言葉を発した。概念を作ることができる専門分野だとジル・ドゥルーズは言っていたが、なぜその専門分野が、それほど美しく、それほど力強く、それほど陶酔させるのだろうか。ラトゥールは次のように言った。「私はその質問に答える術を知りません、涙を流しながらでなければ。哲学者なら知っていることですが、哲学とは、全体性に関心を向け、しかし決して全体性に到達しない、全く驚くべき形式なのです。なぜなら、哲学の目的は全体性に到達することではなく、全体性を愛することなのです。愛というのは哲学の言葉です」。彼はその全体性を愛し、把握しようとしていた――このように言うだけでは足りない。

＊36 Bruno Latour, *Les Microbes : guerre et paix, suivi de Irréductions*, Paris : Éditions Anne-Marie Métailié, 1984, pp. 181-182 ; *Pasteur : guerre et paix des microbes, suivi de Irréductions*, Paris : Éditions La Découverte, 2001, p. 249. ブリュノ・ラトゥール著、荒金直人訳、『パストゥールあるいは微生物の戦争と平和、ならびに「非還元」』、以文社、二〇二三年、三〇四頁。

＊37 *Ibid.*, p. 182 / p. 250. 同書三〇五－三〇六頁。

彼は哲学の上級教員資格を得た後に、最初はコートジボワールで人類学の技能を習得した。より正確には、彼は協力役務[*38]でアビジャンに来ていたのである。ある職業高校で、デカルトの哲学を教えなければならなかった。そこが彼の最初の研究対象地域である。そこで彼は、既に「植民地後の」知識人として、合理的な西洋と非合理性に陥ったアフリカとを対立させることを拒否した。この経験が彼に「対称的人類学」を練り上げることを可能にしたのであり、民族学者がアフリカの社会を研究するのと同じようにして西洋の社会を研究することを可能にした。この方法は彼をカリフォルニア州のある研究所を観察するように導いたが、それはありきたりの研究所ではなかった。なぜならそれは、あるノーベル賞受賞者の研究所だったのである。その観察は、「作られている通りの科学」を理解するための決定的な経験だった。

と言うのも、ブリュノ・ラトゥールは現場の知識人である。歴史的な現場についての知識人でさえある。なぜなら彼は、パストゥールや科学史に夢中だったのだから（『パストゥールあるいは微生物の戦争と平和』[*39]、『パストゥール、一つの科学、一つの文体、一つの世紀』[*40]）。そして技術の歴史にも夢中だった。そのことが理由で彼は、一九八二年にパリ国立高等鉱業学校の一員になった。そこで彼は、二十五年間、主に革新社会学センター〔Centre de sociologie de l'innovation〕に留まった。ミシェル・カロン[*41]が率いるこのセンターは、アクターネットワーク〔行為者網〕理論の発祥地となった。

そこでの「集団的高揚」は、著しく独創的な諸研究をもたらすことになる。例えば『アラミスあるいは技術への愛』[*42]がそのことを示している。これはおそらく彼のお気に入りの著作のうちの一つであり、パリ南部にもう少しで作られるところだった自動地下鉄の名前が表題となっている。それは「科学的物語」の書物であり、社会学の調査であると同時に、「ある機械についての愛情に満ちた物語」でもある。

その著作の紹介の中でブリュノ・ラトゥールは、著作の主題だけでなく、同時に、一つの研究計画、一つの社会学的方法、一つの哲学的野心、一つの倫理的配慮を要約している。「人間主義者たちに対して私は、かなり周辺的でかなり精神的なある技術についての詳細な分析を提供することで、彼らを取り巻く諸々の機械が彼らの注目と尊敬に値する文化的対象であるということを説得

＊38 協力役務とは、フランスに徴兵制度があった時代に、兵役の代わりに選択することのできた国民役務の一つであり、国外にあるフランスの公的機関や関連機関、特に教育機関などで一定期間働く義務のこと。

＊39 Bruno Latour, *Pasteur : guerre et paix des microbes, suivi de Irréductions*, *op. cit.* 前掲書、『パストゥールあるいは微生物の戦争と平和、ならびに「非還元」』。

＊40 Bruno Latour, *Pasteur, une science, un style, un siècle*, Paris : Librairie académique Perrin / Institut Pasteur, 1994 ; Éditions La Découverte, 2022.

＊41 Michel Callon.

＊42 Bruno Latour, *Aramis ou l'amour des techniques*, Paris : Éditions La Découverte, 1992.

したかった。技術者たちに対して私は、人間たちの群衆や、彼らの情熱や、彼らの政治を考慮に入れることなく［中略］、技術的対象を考案することはできないということを示したかった。最後に、人文科学の研究者たちに対して私は、社会学とは人間だけを扱う学問ではなく、非人間の群衆を歓迎して受け入れることができるということを示したかった。それは、前世紀に社会学が恵まれない人々の集団を受け入れたのと同様である。私たちの集合体は発話主体によって織り成されているのかもしれないが、恵まれない物たち、私たちの格下の兄弟たちが、あらゆる点において、それらの主体に絡み付いているのである。それらに対して身を開くことによって、おそらく社会関係はそれほど謎めいたものではなくなるだろう。そう、確かに私は、アラミスの悲しい物語を読みながら人々が本物の涙を流し、この物語から、技術を愛することを学んでもらいたいと思っている。」

一つの「新たな階級闘争」

なぜブリュノ・ラトゥールが一九九四年に、「今日科学の側に締め出された主体たちを政治の中に招き入れるために」、そして人間の代表者たちと「彼らと同盟関係にある非人間」の代表者たちとの間で対話が生まれるようにするために、「物の議会」の概略を示したのかが、より良く理解できる。[*43] 疲れを知らない概念の発明者であり、避けて通ることのできない知覚の指導者であるブリュノ・ラトゥールは、エコロジーの緊急性が高まるにつれて、より政治的にもなった。

デンマークの社会学者ニコライ・シュルツとの共著『新たなエコロジー階級についてのメモ』[*44]の出版の際に、『ル・モンド』紙においてラトゥールは、「エコロジー、それは新たな階級闘争である」と言い放った。なぜなら軋轢はもはや単に社会的なものではなく、地理的・社会的なものであると、彼らは主張する。そして彼らは、「新たなエコロジー階級」が、誇りを持って前世紀の社会主義者たちの後を継ぐように呼び掛ける。

ラトゥールの思想は成功を収めたのだろうか。その思想は世界中に広がった。つまり、ベルギーの哲学者ヴァンシアンヌ・デプレからアメリカの人類学者アナ・チンまで、作家リチャード・パワーズから哲学者ダナ・ハラウェイまで、更にはインドの随筆家アミタヴ・ゴーシュまで。[*45]ラトゥールの著作は、フィリップ・ピニャールの協力を得て、主にラ・デクヴェルト出版から刊行されているが、二十以上の言語に翻訳されている。

＊43　Bruno Latour, « Esquisse d'un parlement des choses », in *Écologie politique*, n°10, 1994, pp.97-107 ; republication in *Écologie & Politique*, n°56, 2018, pp. 47-64.
＊44　Bruno Latour et Nikolaj Schulz, *Mémo sur la nouvelle classe écologique*, Paris : Éditions La Découverte, 2022.
＊45　Vanciane Despret ; Anna Tsing ; Richard Powers ; Donna Haraway ; Amitav Ghosh.

フランスでは、彼は絶大な支持を得ている。そして、彼が育てたり行動を共にしたり肩入れしたりした知識人たちは、今日では読まれ、解説されている。例えば、フレデリック・アイ＝トゥアティ、政治哲学者ピエール・シャルボニエ、フェミニスト哲学者エミリー・アッシュ、法学者サラ・ヴェニュクセム、変身の思想家エマヌエーレ・コッチャ、生物の哲学者で動物の追跡者バティスト・モリゾ、美術史家エステル・ゾング・マンガル、哲学者で芸術家マティウ・デュプレクス、アニミズムの人類学者ナスターシャ・マルタン、心理学者で写真家エミリー・エルマン、更には科学と保健衛生の人類学者シャルロット・ブリーヴ。それに加えて、オリビエ・カディオやカミーユ・ド・トレドのような詩人や作家たちもいる。[*46] カミーユ・ド・トレドは、ブリュノ・ラトゥールに固有の存在様式の特殊性を、「惨事の只中で思考する喜び、不安にも破局にも屈しない力」と要約した。多岐を極める錚々たる顔ぶれであり、全ての人の名を挙げることは不可能である。

パリ政治学院での彼の学生たちのうちの一部は、気候市民会議〔Convention citoyenne pour le climat〕の運営に参加したり、エコロジーに関心を寄せる役所で働いたりしている。人類学者でコレージュ・ド・フランスの名誉教授であるフィリップ・デスコラと共に、[*47] ラトゥールは、フランス現代思想のエコロジー的・政治的転回を引き起こした。彼は、パリのダントン通りにある彼のアパルトマンに招待して交流していた研究者、活動家、作家、芸術家などの仲間たちの先導者だったのだ。それは幾分か、啓蒙主義の哲学が出現した十八世紀のサロンの様相を呈しており、ディドロやダランベールの再来に立ち会うかのような印象を与えていた。

フィリップ・デスコラの指摘によれば、ラトゥールの「外交的な哲学」は、特に新気候体制やエコロジー問題に論述を展開させて以来、「この時代の思想になった」。つまり、「近代性が、人間と非人間を、自然と社会を分離できると思い込み、大地の外にある夢想の雲の中に身を置いていたということを、自覚させる」思想である。

一九七〇年にミシェル・フーコーは、『差異と反復』[*48]の著者に感銘を受け、「もしかするといつか、時代はドゥルーズのものになるだろう」と述べた。今日、哲学者パトリス・マニグリエ[*49]は、私たちの時代は「ラトゥールのもの」になるだろうと考える。より正確には、「ラトゥール的になったの

*46 Frédérique Aït-Touati ; Pierre Charbonnier ; Émilie Hache ; Sarah Vanuxem ; Emanuele Coccia ; Baptiste Morizot ; Estelle Zhong Mengual ; Matthieu Duperrex ; Nastassja Martin ; Émilie Hermant ; Charlotte Brives ; Olivier Cadiot ; Camille de Toledo.

*47 Philippe Descola.

*48 Gilles Deleuze, *Différence et répétition*, Paris : PUF, 1968. ジル・ドゥルーズ著、財津理訳、『差異と反復』、河出書房新社、一九九二年。文庫版、二〇〇七年。

*49 Patrice Maniglier.

は、私たちではなく、私たちの時代である」と考える。ブリュノ・ラトゥールを一つの定型表現に還元するとしたら、それは、若き日の彼の直観に反することになるだろう。

と言うのも彼は、晩年には、優雅でひょろひょろとしたその大きな姿で、燃え上がるこの世界の中を動き回っていた。それはまるで、ウィリアム・ジェイムズのように「宇宙は多元宇宙である」ということを確信し、人新世の時代を詩的に生きることのできる、ユロ氏[*50]のようだった。ブリュノ・ラトゥールは誰よりも新たな状況を理解していた。彼は次のように記した。「私の父や私の祖父は、退職し、静かに年を取り、心安らかに死ぬことができた。彼らの幼年時代の夏と、彼らの孫たちの幼年時代の夏は、似ていることが可能だった。もちろん気候は変動していたが、一つの世代が年を取るのと共に変化するようなことはなかった。しかし気候は、私の世代、つまり団塊の世代と共に変化する。私は、私の世代の歴史から切り離すことができるような八月を孫たちに遺贈しながら、退職し、年を取り、死ぬことができない」。このような彼は悔やむのだった。

それゆえブリュノ・ラトゥールは、この対談の最後に、コーダのような仕方で、彼の孫に、二〇六〇年に四十歳になるその世代に、手紙を送るのだ。結論としてではない。なぜなら、フローベールが言っていたように、「愚かさは結論付けようとすることに存する」からである。そうではなく、一つの開始として、未来への祝砲として、是が非でも未来へ向けて自らを投げ掛けることへの誘いとして、である。哲学者ラトゥールは、ここで私たちに素晴らしい道具箱を贈る。それは考察を培うためのものであるだけでなく、同時に、新たな様式の存在と行為を想像するためのものでもある。彼が「地共感」〔géopathie〕と呼ぶ大地との共感を発揮して、「大地的存在になる」ことへの誘いである。ブリュノ・ラトゥールはついに着地した。しかし彼は、彼の著作がそうであるのと全く同様に、還元不可能である。

＊50 Monsieur Hulot. フランスの映画監督ジャック・タチの一連の映画の中でタチ自身が演じる登場人物。ラトゥールの風貌がユロ氏に似ていると言われることがある。

1　世界の変更

ニコラ・トリュオング　――　ブリュノ・ラトゥールさん、パリのあなたの自宅に私たちをお招きいただき有難うございます。あなたは長年このアパルトマンで暮らし、仕事をしていますね。なぜこの一連の対談を引き受けてくれたのですか。

ブリュノ・ラトゥール　――　最初の理由は、私が少し高齢になり、自分がしたことを振り返る時期だからです。次の理由は、見かけ上、私が非常に多様な主題に関心を向けたからです。例えば科学、法律、虚構などを、少し奇妙な方法を用いて扱っています。これを追跡するのは難しいですよね。書店では、私の著作をどこに置いたら良いのか、決して明確には分かりません。パリについての著作は観光の棚に置かれ、別の著作は科学哲学の棚、更に別の著作は法律の棚に置かれています。あなたは私に、私の一般的な論拠を説明する機会を与えてくれました。そのことによって人々は、次に、私が散漫であるという印象を持つことなく、それらの著作に取り組むことができるようになります。私はほとんど散漫ではないので、説明する機会が与えられたことに満足しています。私は一本の線を最初から最後まで追跡しました。今やそれを明らかにすることができるのです。

トリュオング ―― あなたは社会学者であり、科学と技術についての人類学者であり、しかし何よりも根本的に哲学者ですが、一般の読者層は、特にエコロジーに関する二冊の著作を通じてあなたを知っています。問いの形式を持つ表題の下で刊行された二〇一七年の『どこに着地すべきか』と二〇二一年の『私はどこにいるのか』の中であなたは、私たちは世界を変更したのだ、私たちはもはや同じ大地には住んでいないのだ、という考えを提示しています。ブリュノ・ラトゥールさん、この変更はどのようなものなのですか。なぜ私たちはもはや同じ大地には住んでいないのですか。

ラトゥール ―― それは、ある状況を如何に劇的に描写するのかという問題です。私たちが置かれている政治的・エコロジー的状況は、全ての人々にとって並外れて困難なものです。新聞紙上で毎日のように私たちの問題として話題になっているあらゆる変化によって、私たちは専ら影響を受けています。気候についての問い、生物多様性を管理しようとするための国際会議についての問い、更には進歩とは何なのか、豊かさとは何なのかという問いも提起されています。私たちは、これらの問いが、最近まで私たちが住んでいた世界に結び付けられた問いであることに気付くのです。つまり、事物は行為潜在力［puissance d'agir／行為する力］を持たないという原則を中心に組織された世界です。ガリレオはその世界の全く典型的な例です。つまり、斜平面での実験を起点として、落下するビリヤードの球が計算され、落体の法則の発見という見事な発明が為されます。ビリヤードの球は、独自性を全く有しておらず、如何なる行為潜在力も有しておらず、つまり英語で言うところの如何なる「エージェンシー」〔agency／行為者としての性質〕も有していません。ビリヤードの玉は諸法則に従うのであり、それらの法則は計算可能で、大文字の〔理想化された〕〈科学〉によって発見されるのです。

私たちは、世界が概ねそのような類型の事物で、つまりそれ自体は行為者としての性質〔agency〕を持たない存在で、作られていると見做すことに慣れていました。[*1] イギリスの偉大な哲学者ホワイトヘッドはこのことを「自然の二元分裂」と呼んでいました。その考えによれば、十七世紀頃のある特定の時代から、世界は一つの断絶によって構造化されました。その断絶の一方には、科学によってのみ認識され科学の外では到達できない真なる事物があり、他方には、生物、人々の主観性、彼らがこの世界を想像する仕方、彼らが全く見事な事物を見ているという印象、などがあるとされます。私たち人間や生物が感じ取る全てのことは、主観的には興味深いが、それによって世界が作

＊1　底本の「le monde est fait ainsi de choses et d'êtres qui n'ont pas la même *agency*」の部分を、元になる録音を参考に、「le monde est fait en gros de choses de ce type, c'est-à-dire d'êtres qui n'ont pas eux-mêmes d'*agency*」と読み替えた。

られているのではない、というわけです。二元分裂の世界、それが、以前の世界の重要な定義であり、私はそれを単純化して近代世界と呼びました。そして、その世界についての人類学は、常に私の関心を惹いたのです。

しかし、たとえ科学に関してこのように言うことが奇妙に思われるとしても、それは形而上学の問題なのです。私たちが居る世界、私たちがそこに自らを見出す世界の、形而上学的な根底は、生物によって作られた、生物たちの世界です。私の考えでは、この世界――どちらかと言えば生物によって作られたように見えるこの世界、地球科学や、生物と生物多様性の分析によってますます露わになるこの世界――こそが、新型コロナウイルス感染症や気候変動を伴う現在の状況が明白に示す世界なのです。言わばそこに着地しなければならない世界、私たちが、そこに置かれている自分たちを見出す世界、それはウイルス型の世界です。なぜなら、小規模な次元では、人間を攻撃するウイルスが存在し、大規模な次元では、私たちがその中で快適に過ごしている大気や、私たちの呼吸を可能にしている酸素もまた、ウイルスや細菌に由来します。ウイルスや細菌の変異が、必然的に、私たちの居る世界の構成や、その一貫した性質を変化させます。ウイルスと細菌、これらこそが、大地を変化させ、大地の歴史を作る、巨大な操作者なのです。その歴史が、私たちがその内側に位置付けられている居住可能性の被膜を構築しています。もっとも、ウイルスが生物なのかどうかということさえ分かりません。ウイルスの発生に関しては一連の多くの謎があります。ウイルスが私たちにとって異物なのかどうか分かりませんし、私たちの敵であるのか味方であるのか分かりません。しかし、幸運にも私たちはウイルスや細菌に覆われています。そうでなければ私たちは生きることができなかったでしょう。

人々がエコロジーの問題に当惑する理由のかなりの部分、誰もが破局的だと分かっている状況に素早く対応することができない理由のかなりの部分は、人々がかつての世界に居続けていることにあります。それは、行為者としての性質を有していない諸対象、計算によって制御できる諸対象からなる世界、占有可能な科学の世界、生産体系によってもたらされた豊かさと快適さの世界です。しかしそれはもはや、現在私たちが居る世界ではありません。この意味において、私たちは世界を変更したのです。私たちは、科学によって認識される諸対象から成る世界、私たち自身の見解はそれらの対象についての主観的な見解でしかないような世界から、脱出するのです。そして、私たちが突入する別の世界があります。私たちはそこに、他の生物たちに囲まれた生物たちとして突入します。他の生物たちは、多くの奇妙なことを行い、私たちの行為に非常に素早く反応します。そこで私は、「私たちはもはや以前と同じ状況には置かれていない」と言って、劇的に描写するのです。しかし、劇的に描写すること、物事を名指すことが、私の仕事なのです。留意すべき本当の違いがあります。前者の世界の場合、不安はありません。私たちは、比較的単純な諸対象から成る世界に居るのです。それらの対象は私たちの諸法則に従います。後者の世界の場合、逆に、私たちは次のように思います。「そのウイルスは一体何をしているのだろう。どのようにして移動し、展開するのだろう」。

トリュオング —— 私たちが今日体験しているそのような世界の変更は、ガリレオ革命と比較することのできる一つの革命だと、あなたはよく仰っていますね。私たちは、近代人の大掛かりなコスモロジーに関して私たちが想像していたことから、移動したのでしょうか。

ラトゥール —— もしコスモロジーというものを、人類学者ならそうするように、行為潜在力の分配、神々の定義、行為者としての性質を有しているものと有していないものの定義、として理解するなら、その通りです。近代人も一つのコスモロジーを持っていました。それが彼らの世界的な、グローバルな拡張を可能にしたのです。単純化して言うならば、それは非常に特殊なコスモロジーで、フィリップ・デスコラの言葉を借りるなら「諸対象の世界」と、その世界から言わば隔たった主体との間の、分割ないし区別を行うコスモロジーなのです。気候やウイルスが問題になるとき、それは通用しません。今日もはや誰も、ある種の主体たちが世界に身を置きながらも、その世界から遠く離れていると言うことはできません。驚くべき作用・反作用の環によって、ある場所での人間たちの行為が、彼ら自身にとって、そして他の場所の人間たちにとって、居住不可能な生活条件を生み出すのです。例えばカントにおいてそうであったように、主観的な人間たちが、主体たちが、遠く離れた世界に自らを位置付けることができるようなコスモロジーは、近代人に特有の解釈であり、それはもはや不可能なのです。

このことは何を意味しているのでしょうか。今や問題となるのは主体である、ということを意味しています。これこそが、哲学的に私の関心を惹くのです。主体とは一体何なのでしょうか。エコロジーにおける人間主体とは何なのでしょうか。それは、これまでの主体と同じものではありません。その主体は、これまでと同じことができません。その主体は、諸対象に対してこれまでと同様の信頼を持つことができません。その主体は、至る所からそれを操る非常に多くの力に捕らえられています。このことは、驚愕すべき仕方で、ウィルスや医療問題という微小な次元で確認されると同時に、私たちが置かれている生存条件という包括的な次元でも確認されます。なぜなら、大気の条件、栄養摂取の条件、気温の条件なども、それ自体、生物が意図せず生み出したものだからです。私は改めてこのことを強調します。これが、地球システムについての諸科学による重要な新たな知見だからです。これに関しては、第二の科学革命と呼ぶこともできます。

今日人々は菌類、地衣類、微生物相などについて論じています。誰もが生物に関心があります。たとえそれが時には幾分か誇張されているとは言え、このことが非常に重要な兆候であることに変わりはありません。私たちはもはや、結局のところ、そこから私たちが遠く離れているような諸対象の世界の中に居るのではなく、私たちと共に重なり合う諸存在の只中に居るのだと、人々は思い始めています。このことはウィルスの次元では正しいのですが、それを政治の次元で考察することも非常に興味深いです。このことが意味するのは、私たち自身の存在が他の全ての存在に干渉し、影響を与えているということです。諸対象が互いに過干渉することなく、それらを横に並べて積み重ねることのできるような世界では、事物に対する行為の可能性は無限であるかのように思われます。そして私たち近代人は、そのようにして素晴らしい物事を作り上げました。しかし、もしあなたが、それぞれが合成された諸存在に囲まれ、しかもそれらの存在は重なり合い、味方であるのか敵であるのか正確には分からない、そのような諸存在と折り合いを付けなければならないとすれば、それは同じ世界ではありません。しかもそれらの存在が、私たちが置かれている生存条件を規定するのですから。ここで再び、一六一〇年以来、歴史にとって非常に重要なあのガリレオの時代以来、一九四〇年代までに起こったこととの、比較対照が必要です。それは、私たちの情緒の、私たちの希望の、私たちが改めて突入しようとしていた時代の、長期間にわたる変化であり、道徳的な問いや、人間の行為や、主観性から期待されていたことの、長期間にわたる変化でした。それら全ての変化が生み出されたという事実に安堵させられます。なぜなら、もし私たちにそれを成すことができたのなら、もし私たちに最初の科学革命という並外れた変化と、近代世界の並外れた変化とを受け止めることができたのなら、今や私たちは再び始めることができるのです。私たちは切り抜けたのですから、今度も切り抜けることができるのです。しかしそれは、とてつもない作業です。

トリュオング ――「人々は、自分たちが世界を変更したということ、自分たちが別の大地に住んでいるということを、よく理解している」と、あなたは考えておられます。その際あなたは、歴史家ポール・ヴェーヌ[*2]の次の言葉を好んで引用されますね。「大きな変動は、眠っている人がベッドの中で寝返りを打つ動きと同じくらい単純である」。

ラトゥール ―― そうですね、それはヴェーヌの見事な言葉です。近代化ではなくエコロジー化される世界、その世界に慣れるために解決しなければならなくなる全ての問題の一覧表を作成すると、めまいを覚えるような気持ちになります。それはあまりにも多くの変化を意味するからです。エネルギー体系や必需品の供給体系の変化だけでなく、道徳の問題、主体の定義の問題、所有権の問題などの変化も意味するのです。それはかなりの重圧です。これほどの変化は不可能であるようにも思えます。多くの人々は、私たちには何もできないと思っています。圧力団体から報酬を得ている場合も、そうでない場合も、懐疑的な人々は存在します。しかしながら、新たな時代精神とは、私たちが世界を変更したと感じることなのです。

---

*2　Paul Veyne, 1930-2022.

2　近代性の終焉

ニコラ・トリュオング　――　なぜ私たちは一度も近代的ではなかったのですか。あなたの考えでは近代人とは何なのですか。

ブリュノ・ラトゥール　――　「近代的」と言うとき、一般的に、「近代化せよ」という合言葉があります。大学を近代化し、国家を近代化し、農業を近代化し、あらゆるものを徹底的に近代化しようとするのです。次のことを理解するのは興味深いことです。つまりこの合言葉は、私たちは前進している、近代化の前線は不可避であり、それはしかじかの仕方で前進している、と述べることによって、歴史の方向性を組織しているのです。後ろにあるのは擬古主義です。このことも不可避です。「近代化せよ」と言われるや否や、あなたは直ちに恐怖に駆られます。「もし近代化の列車に乗り遅れたら、私は……」。

トリュオング　――　時代遅れになる。

ラトゥール ―― 抹殺される。「そして、もし私が近代化を警戒し続けるなら、私は反動主義者になり、反近代主義的になる」。その場合あなたは、擬古主義だと非難され、進歩への道を減速させて昔の価値観に固執していると非難されます。しかし、物事をこのように述べることは、何を意味しているのでしょうか。「近代化せよ」と言うことで、何を手に入れることが期待されているのでしょうか。これらの問いは、新型コロナウィルス感染症の際にも提起されました。経済の巨大な運動は展開し続けると主張されていたのに、突然全てが停止したのです。誰もが、それぞれ自宅に留まって、発展と進歩のこの巨大機構を数週間で中断させることが可能であることを理解しました。そしてようやく自問し始めたのです。「私たちは何を探し求めているのか。何を望んでいるのか」。

私は反近代の立場では全くありません。なぜなら、「私は抵抗している、私は自発的に擬古的であり、反動的である」と述べることは、近代化の前線を認める一つの仕方なのです。上述の合言葉は、合言葉でしかありません。つまり、ある歴史的運動を定義する言葉ではありますが、私たちがその中に居る歴史自体ではありません。私が自分の貢献と考えるのは、近代を合言葉としてではなく研究テーマとして理解し、研究したことです。つまり、合言葉だったものを、言わば一つの謎に変化させたのです。

「近代」というのは、近代化の前線のための合言葉であり、組織化の言葉でした。しかしその前線は終わりを迎えようとしています。なぜなら、まさに今私たちは、それが破壊の前線であることに気付いているのです。今日多くの人々が、この惑星を近代化させるまでには至らないだろうと考えることに合意しています。もし近代化させるのなら、この惑星は消失します。この惑星は私たち人間にとって居住不可能で生息不可能なものになります。近代性は終焉したと、私は三十年前に言いましたが、今なら同じことを言っても信じてもらえるでしょう。近代性とは歴史の中の一つの時代、一つの挿話であり、終わりに到達するのです。私は面白がって、ボブールの施設[*1]の人々に、「オルセー美術館[*2]のようになることを受け入れる」必要があると言いました。近代性の美術館ですよ！　とても興味深いですよね。ただし、常に近代的であり続けようとするのをやめること、そして、今や終焉したものである近代性の時代に応じた美術館を作ることが条件です。

二十世紀は何の役に立ったのでしょうか。私はいつもこの問題について考えます。私は五十年間にわたって研究をし、次第に、何が近代的で何が近代的でないのかを表明することで明確化されるような主題は存在しないということに気付きました。特に科学史においては、そのような主題は一

＊1　ポンピドゥー・センター内の国立近代美術館のこと。
＊2　十九世紀美術を専門とする美術館。

つも存在しません。主観性と客観性の二元分裂を信じる人々、一方で意見や文化等々と、他方で自然との、違いをついに理解した人々、このように近代人の定義が試みられます。しかし、この分離を適用しようとしても、技術や科学の歴史を研究しさえすれば、近代人がその正反対のことをしてきた事実を確認するのに充分です。近代人とは、最も極端な仕方で、そして時には最も見事な仕方で、言わば自らの帝国において、政治と科学と技術と法律を混合した人々なのです。全く驚くべきことですが、彼らは、言っていることと逆のことを絶えず行っているのです。もうこのような言い方はされなくなりましたが、私は西部劇の映画で用いられたこの表現が割と好きです。「白人たちの舌は二股に分かれている」。その通りです。見事な表現です。近代人は非本来的です。彼らの舌は二股に分かれていて、言っていることと逆のことばかりしています。彼らは自分たちがしていることからいつも軸がずれていますが、一九八〇年代には本当にやり過ぎで、極限まで極端になり、非本来性の極みに達しました。

一九八九年、私がこの問いについて研究していたときに、ベルリンの壁が崩壊しました。この出来事は、自由主義の勝利に関して、ある形式の巨大な熱狂的反応を引き起こします。そこには、私にとっては、壁の崩壊というこの出来事と同じくらい常軌を逸した何かがありました。つまり、それが自由主義にとっての出来事であるということについての完全な無理解です。それは加速が最大になる瞬間であり、そこには最大限の資源採掘主義と、最大限の否認がありました。大戦以来、加速は続いていましたが、壁の崩壊のとき、私たちは加速の加速へと逃避していました。私はとても驚きました。なぜなら、一九八九年に確かにソビエト連邦が崩壊することが確認できましたが、私たちは同時に、東京やリオデジャネイロでの会議[*3]など、エコロジーについてのあらゆる大規模な会議の始まりに立ち会っていたのです。動転させられます。なぜならそれは、エコロジー問題の観点からは、働き掛けることのできた瞬間だったのであり、後に「新気候体制」と呼ばれることになる本当の問いを提起する理想的な機会だったのであり、そして同時に、その問いに対する最大限の否認の瞬間でもあったのです。これもまた、二十世紀の歴史の謎です。その世紀は、それが置かれた状況を絶えず否認しました。

トリュオング —— その近代性の時代は、美学の観点においても同様ですね。とりわけランボーは、「絶対的に近代的でなければならない」と言っていました。私たちはそこから脱出しました。しかし、私たちはどのような世界の突入したのでしょうか。

ラトゥール —— 「近代化せよ」という言葉には並外れた力がありました。しかしこの言葉は同

＊3 『虚構の「近代」』の中でラトゥールは、「パリやロンドンやアムステルダムで行われた地球環境の包括的な状態についての最初の会議」に言及している。Bruno Latour, *Nous n'avons jamais été modernes*, *op. cit.*, p. 17. 邦訳前掲書二三頁。

時に、この標語が持つ複雑さ、過酷さ、残酷さを隠していました。一九五〇年代以降、「近代化せよ」とは、実際には、その作業を単純化して言うなら、「自分の過去を放棄して土地から離れよ」ということを意味しています。「離陸せよ」ということです。一九五〇年代には、「離陸する」〔décoller／上昇する・停滞を脱する〕ことが全ての人々に求められていたことを、私は覚えています。いわゆる発展途上国が「離陸」しつつありました。とにかく離陸という考えが支配していました。この標語は今でも非常に重要です。なぜなら代案がないのです。したがって、あなたの質問にお答えするなら、この点に関して調査をする必要があります。つまり、近代性の代案は何かということです。例えば豊かさ、自由、解放などは、近代性がなければ、どのようなものになるのでしょうか。その代案のことを、私は、「エコロジー化する」と呼びます。これが何を意味しているのか、誰も正確な考えを持っていません。なぜならまさにそれは、時間の定義や、時間の経過の定義や、過去と未来の分離の定義における、非常に重大な転換だからです。近代化の前線の敗者の側にあるものは終了し、もう一方の側にあるものは統一されて前進すると述べて、過去と未来の分離を明確に切り分けることはできません。近代化するのかエコロジー化するのか、これがおそらく最大の対立なのです。しかし、エコロジー化することは、合成〔composition〕の次元に属するものを前提とします。

ここでの合成とは、語の本来の意味〔com ＋ poser／共に置く〕において、過去に属している様式や、未来に属している様式や、更には現在に属している様式の中で、完全に自由に合成するということです。決断や選択を完全に盲目的にしてしまう近代化の、あの巨大な圧力から解放されなければなりません。良い技術と悪い技術、良い法律と悪い法律を識別し、選択できるのでなければなりません。このような選択の能力を私は合成と呼んでいるのですが、それは、近代化という言葉で理解されていたこととは異なります。根本的に異なります。このような能力は、大々的な標語の下にまとめることはできないのです。「あなたの存在が地球の居住可能性に対応するようにあなたの存在を合成せよ」と言うのが聞こえただけで、直ちに特定の秩序に従って動員が行われるわけではありません。むしろ次のような疑問から始まるのです。「では私は何をすれば良いのか。一方に循環型農業がある云々。そして二酸化炭素の排出は避けたい云々。しかしどうすれば良いのか」。このようにして私たちはこの世界に戻るのです。私たちが生活しているこの世界、私たちの生活様式を変化させる仕方についての無数の論争で作られているこの世界です。しかしこれこそが健全なのです。と言うのも、近代化するという表現において恐ろしいのは、それが盲目にするということです。それは、私たちが何を残しておくべきなのかという問いを自らに提起することを、完全に妨げてしまうのです。

とても小さな例を一つ挙げましょう。小さいながらも非常に面白い例で、私の学生たちの興味を大いに惹きました。垣根の例です。垣根が嫌いな人もいれば、好きな人もいます。近代的な垣根がありますす。これは多くの場合、撤去されました。ポスト近代的な垣根もあります。そして最後に、合成的な垣根があります。それは、伝統的な垣根や囲い地の再来ではありません。伝統的な垣根や囲い地は、農民たちを同じくらい不幸な状況に置き、彼らに多大な作業を強いていました。そうではなく、私が言っているのは、混成的な垣根のことです。今日では、非常に多くの人々が垣根について研究しています。生物学者や、自然主義者や、新たな農民たちです。この農民たちは、もはや農業従事者ではないので、自分たちのことを再び「農民」と呼んでいます。

これが「合成する」ということであり、このことはあらゆる主題に当てはまります。

代案として主張される合成が意味するのは、論争に身を投じること、進歩と時代遅れのものとの間の分離を放棄すること、居住可能性という根本的な問いに当然ながら関心を持ち、生産に関する問題に対して居住可能性の条件を優先させることです。このことは労力を要します。私たちは一度も近代的ではありませんでしたが、近代的であるという考えから脱出しました。作業現場は完全に開かれています。

トリュオング　――　それは混成的な、混合の、再混合の作業現場であり、それが一つの世界なのですね。

ラトゥール　――　合成する〔composer／作曲する〕というのは素晴らしい言葉です。なぜならそれは音楽の言葉でもあるのです。それは協定〔arrangements／編曲〕であり、交渉であり、「調停」なのです。政治が近代的なものになる、という考えも放棄する必要があるということが理解できます。近代的な政治とは、どこへ行くべきかを言い、どのように命令が与えられるべきかを言う政治です。しかし、混成的な協定に必要なのは謙虚な政治です。謙虚な科学も必要です。なぜなら科学は、何を為すべきかを何とかして述べるために、多くの論争に沿って手探りで進むのです。そして、次のように考えることのできる、謙虚なテクノロジー、謙虚な技術が必要です。「私はある技術を発明する。したがって予想外の結果を引き起こす。したがって論争がある。したがってそれは局地的なものである。したがって議論しなければならなくなる」。社会全体が、近代性という考えによって失われていた、批判能力を獲得しなければなりません。そして、あらゆる多様な仕方で謙虚でありつつ、単純な合成を起点にして、「エコロジー的」文明を作り出さなければならないということを、何とかして理解しなければなりません。このことこそが夢中にさせるのです。つまり、私たちは一度も近代的ではありませんでしたが、自分たちが近代的であると信じることが、並外れた威力の効果を与え続けているのです。

3　ガイアの督促

ニコラ・トリュオング　――　私たちは文字通り大地の外で生活しており、そして今日、着地しなければならない、このようにあなたは言います。着地するということが意味するのは、科学者たちが「臨界領域」〔クリティカル・ゾーン〕と呼ぶものの中で、つまりガイアの上で、ガイアと共に生活するということです。ガイアとは、イギリスの生理学者・技術者ジェームズ・ラヴロックによって練り上げられた概念ですが、同時に、古代文明とギリシア神話から私たちが受け継いだ神話でもあります。ガイアとは、母なる女神であり、あらゆる神々の母体です。私たちは破局が目前に迫っていることを知っており、科学者や国連の専門家たちはそのことを報告書ごとに繰り返し述べています。その上で、なぜあなたは、私たちが置かれている無力な状態から脱出するために、ガイアを必要としているのですか。私たちに起こっていることを描写するために、そしてあなたが到来を願っている新たなエコロジー階級に属する市民たちを動員するために、そのような存在に訴えることとは、何を意味しているのですか。

ブリュノ・ラトゥール　――　もし私が物事を単純化しようとしたのであれば、私はガイアというものを使わなかったでしょう。ガイアは私の人生を非常に複雑にしました。ラヴロックが発案した見解は極めて単純で、それは彼が一九六〇年代に既に発見していたことですが、要するに、大気が熱力学的な安定状態にないということです。酸素はあらゆるものと共に作用するので、大気の三〇%が酸素であることに如何なる必然的理由もありません。酸素はずっと以前に消失していたはずだったのです。ラヴロックは、これは有名な話ですが、地球の大気と火星の大気を比較して次のように言ったそうです。「生物学者の皆様、火星まで行く必要はありません。皆様は私の器具を――と言うのも彼は器具を製作していたのですが――火星に送ろうと考えておられます。しかし私は、火星に生命が存在しないことを知っています」。火星への生命探査が続けられていますが、火星にはガイアが存在しません。そこには、四十億年前から生物の働きによって完全に変化させられた惑星というものが存在しません。もしある特定の時期にそれが存在したのであれば、いつかどこかで細胞が再発見されるかもしれませんが、いずれにしてもその時期は過ぎたのです。

そこには被膜という意味でのガイアは存在しませんし、当初は特に好都合でなかった大地の条件から好都合な条件への物理化学的変化という意味でのガイアも存在しません。この変化は、生物が単に環境の中に置かれた有機体であるというだけでなく、自らの利益のために環境を変化させる特徴を有しているという、単純な事実に起因します。このことは、寛大さによるものでも好意によるものでもなく、単に相互連結によるものです。生物間の相互連結、これが極めて重要なのです。生物は代謝を行います。つまり生物は多量の異物を吸収し、排出しますが、その生物が排出する異物は、他の生物によって都合の良いものとして利用されます。それは四十億年掛かるわけですが、この再生利用が最後には、私たちが利用できるような条件を作り出します。ここで、新たなコスモロジーについての根本的な問い、地球の居住可能性についての根本的な問いが提起されます。地球は如何にして居住可能になったのか、地球を如何にして居住可能なものとして維持するのか、そして地球を居住不可能なものにする人々に対して如何にして戦うのか、という問いです。そして、ガイアというのは見事な名前ですね。それが神話であることは重要ですし、それが同時に科学的、神話的、政治的な概念であることは重要です。この名称がこの上なく混成的であるということが、まさに、それが明確にコスモロジーの変更を示す名前でもあることの理由なのです。ガイアというのは素晴らしい名称です。しかし困ったことに、多くの人が自分の犬にガイアと名付けます！

トリュオング ―― 自分の子供たちにも！

ラトゥール ―― 子供たちにもガイアと名付けますね。でもその方がまだましです。ガイアというのは本当に見事な着想です。ラヴロックはよく次のような話をしました。彼はある村の居酒屋で、『蠅の王』[*1]の著者である友人ウィリアム・ゴールディングとビールを飲んでいました。ラヴロックはゴールディングに、地球の自動調整という彼の風変わりな着想を紹介します。ゴールディングはラヴロックに、それは幻想的な着想であり、強烈な名前を与える価値があると言います。彼はガイアという名前を提案します。ラヴロックは文学を知らないので――彼はラテン語やギリシア語が分かりませんでした――ゴールディングが言っていることが良く理解できませんでしたが、最後にはこの名称を受け入れるのです。

これは正真正銘の歴史的な出来事であり、この上なく心を動かされます。ノーベル文学賞の受賞者であり、自身も物理学の素養のある人物が、生理学者であり化学者であるラヴロックに、決定的な名称を提案するのです。私のような哲学者がこのような挿話を取り逃すことなど如何にしてあり得るでしょうか。これは並外れた結合です。この結合は、ラヴロックがリン・マーギュリスと非常に親しくなることによって更に増大します。彼女はまさにウイルスと細菌について研究しており、地球の長大な歴史について研究しています。マーギュリスは特に細菌に関心があり、ラヴロックは大気のマクロな要素に関心があります。単純化して言うなら、ラヴロックは大量の気体の非常に繊細な捕捉に関する専門家であり、オゾン層についても研究していました。ラヴロックとマーギュリスの二人が出会い、一九六〇年代初頭に、協力してガイアの概念を作り上げます。

次に、イザベル・ステンゲルスがガイアの乱入と呼ぶ事態があります。彼女は、私が非常に関心を寄せているガイア科学を理解するという問題よりも、「私たちは別の世界に居る」という全面的な驚きの方に取り組んでいます。イザベル・ステンゲルスのガイアは、政治に衝撃を与える役割を演じます。

私たちはガイアの内側に居ます。居住可能性の条件という問題が極めて重要になりました。私たちはもはや、発展のために資源を利用することが最重要の問題であった、かつての世界には居ないのです。それゆえ、神話と科学と政治を切り離すことはできません。コスモロジーというのは、そういうことではありません。コスモロジーとは、物事の間の繋がりです。人類学者が〔パプアニューギニアの〕バルヤ族や〔南米先住民族の〕ヤノマミ族のコスモロジーを研究する際に、政治的な事柄と、社会が組織される方法と、神々の存在についての問いとを、切り離すことはありません。それら全ては必然的に結び付いています。一方私たちは、コスモロジーを変更するというのに、この新たな状況を示す名前を持たないで済ますのでしょうか。

ガイアがこの新たな状況の名前であることを私は宣言します。ガイアは神話的であるからこそ、

＊1 William Golding, *Lord of the Fries*, 1954. ウィリアム・ゴールディング著、黒原敏行訳、『蝿の王』、早川書房、二〇一七年。

科学的であり、政治的なのです。このことには非常に多くの問題点があります。あなたが使った臨界領域という言葉の方が穏やかですね。臨界領域〔zone critique／クリティカル・ゾーン〕というのは私の友人たちの用語です。あまり広く知られた用語ではありませんが、アメリカやフランスでは、ガイアが示すのと正確に同じ事実を示すのにこの概念が用いられています。つまり、私たちの経験は生物に囲まれた生物としての経験であり、生物によって作られた世界の内側での経験であるという事実です。これは、惑星とは何かということに関して前の時代に考えられていたことと比較すると、非常に小さな事柄です。地球という球体は、生活の場ではない非常に多くの物を含んでいます。たとえそこに何があるのかを知るための器具が存在するとしても、私たちは地球の中心まで行ってそこがどのように機能しているのかを調べることはしません。なぜなら私たちが居るのは地球という天体の「中」ではないのです。私たちは塗料のような薄膜の上に、この地球の微細な薄膜の上に居るのです。厚さ数キロメートルのこの表面、それが臨界領域です。

トリュオング――それは地球という惑星を囲い込み、包み込む空間ですね。どれくらいの大きさなのでしょうか。

ラトゥール――それは非常に僅かなものに留まりますが、だからこそ興味深いのです。私たちの生活の糧であるもの、私たちが経験しているもの、それは、私たちが――他の生物たちに囲まれた生物として——体験している唯一のものですが、同時に、非常に僅かなものなのです。かつての世界においては、人々は惑星としての地球に自らを位置付けていました。火星へ向かい、宇宙空間へ赴くことを欲し、宇宙に熱中していました。かつてのコスモロジーは無限の宇宙に関するコスモロジーであり、人々はその無限性に直面している印象を持っていました。そして突然、微小な領域の内側に改めて自らを見出すのです。四十億年前から生物によって作られ、私たちが共有している領域です。産業化された人類としての私たちの行為は、必然的に、極めて重要な位置を占めます。しかし、このことは予想されていませんでした。なぜなら三百年前には、そして大戦前までは、惑星としての地球における人類の痕跡は無視できるものだったのです。私たちがかつてそこに居た無限の宇宙と比較すると、人類はほとんど無に等しいのです。地球システムは私たちの行為体制の内側には介入せず、したがって政治の中にも侵入しませんでした。人々は風景という意味での環境は変化させていましたが、地球システムも、宇宙における私たちの生活条件も、変化させていませんでした。しかし臨界領域においては、生活条件が根本的に変更されるという点が異なっています。この用語はこのようにして、科学者によって研究され、私たちがその内側で生活している、他ならないこの小さな空間こそが重要であることを、より容易に理解させてくれます。この世界の中では、人類は桁外れに重要なのです。それは一つの隔離状態です。私たちは突然この世界の中に隔離されたのです。この世界は宇宙の観点からは僅かなものですが、産業化された人類がその内側で持っている居住可能性を変更する能力は相当なものです。このことが、居住可能性の問題が根本的な概念であることの理由です。

現在議論されている重要な概念のうちの一つに人新世の概念があります。この概念は、それについて研究している私たちの友人たちに、産業化された人類が地球のその他の部分にどれだけの影響を与えているのかを見積もることを可能にします。今日多くの科学者が行っているように、人類の比重を比較することは非常に面白いです。例えば彼らは、いわゆる自然な浸食作用よりも、ブルドーザーの方が多くの土を運んでいることを示します。重量という観点からは些細なものである人類は、変化を引き起こす力という観点からは著しいものとなるので、彼らが言うように、主要な「地質学的な力」でさえあるのです。この点において人新世という考えは正しいのであり、規模に関するこれらの問題が、政治的な問いを非常に根本的なものにするのです。

では、なぜガイアが必要なのでしょうか。それに訴えることが必要なのは、やはり、受け止めるべき複雑な事柄が幾つもあるからです。産業化された人類には大きな重要性がありますが、しかし同時に臨界領域は僅かなものに留まります。環境は生物によって作られていると考えるべきであり、かつて信じられていたように、生物はある環境を占拠してそこに順応していると考えるべきではありません。生命自体も同様に、物理学者の観点からは、エネルギーとしては非常に僅かなものです。しかしながら、生命は全てのものを変化させました。無機物を変化させ、山岳を変化させ、大気を変化させました。生命は、私たちが置かれている生存条件を変化させたのです。とても奇妙なことです。それはほとんど無に等しいものですが、しかしながら、これほど大きな影響があります。だからこそ、それらの概念は複雑なのです。そして、地球科学に関する重要なことが何も教えられていないので、人々は自分たちがどこに居るのか自問するのです。「私たちはどこに居るのか」という、私たちが置かれている世界についての問いが、根本的な問いになります。非常に多くのことが変化しているので、そのことを名指すことができなければなりません。そこで私は劇的に描写するのです。なぜなら、為すべき仕事をしている哲学者たちは、これらの事柄に名前を与えなければなりません。私たちが居る場所はガイアの中なのです。

4　どこに着地すべきか

ニコラ・トリュオング　――　自らを描写することができること、とりわけ「私が存在し存続するために、私は何に、そして誰に依存しているのか」という問いに答える形で自らを描写することができることは、あなたによれば、着地するために極めて重要です。生活の場としての世界だけでなく、生活の糧としての世界についても意識するということ。どのような点において、このような実践によって、今日私たちが政治において方向性を再び見出すことが可能になるのでしょうか。

ブリュノ・ラトゥール　――　前世紀の中心的な政治的現象は、繰り返し言いますが、次のような問いによって示されます。ある文明の全体が、それが熟知している脅威に直面して、対応しないのは一体なぜなのか。

問題は、一九八〇年代以降、私たちが方向を見失っているということです。私たちは、自分たちがなぜ行動を起こさないのかということさえ分からなくなっています。それは圧力団体のせいである、あまりにも多くのことが私たちの行動を妨げている、と言うこともできます。そのことも事実です。しかし、私たちの無活動はあまりにも極端なので、別の理由を探すことがおそらく必要です。

私は問題を次のように提起することを提案します。「コスモロジーのこれほど根本的な変化に対して、人々に迅速に対応することを求めるには、一体どうすれば良いのか」。この問題の解決策として私が提案したのは、物事をその基礎において見直すということです。私が「その基礎において」と言うことの意味は、あなたがどのような状況に置かれているのかを紙切れに書くということです。こうすることで、領地〔territoire〕についての問いが導入されます。この概念は単純なものに、あるいは表面的なものに見えるかもしれませんが、そこには小さな変化があります。領地というのは、地理座標的な意味であなたが居る場所のことではなく、あなたが依存しているもののことです。と言うのも、依存こそが根本的な問いになったのです。これまでの世界は、束縛からの解放という問いに基礎付けられていました。あなたが現在居るこの新たな世界での根本的な問いは、あなたが依存しているということ、そしてあなたが依存しているものがあなたが誰であるのかを規定しているということです。これはかつての解釈とは完全に異なります。まだ知られていないこの世界では、私たちは手探りで進むのです。

もしこの世界を知る手段を持ちたいのなら、この世界を描写するための仕組みを整える必要があります。あなたは別の世界に居るのだと、外部の誰かがあなたに言うような、客観的な仕方で世界を描写するのではなく、自分自身のために世界を描写するのです。奇妙に見えるかもしれませんが、私は描写という考えに取り憑かれています。描写するというのは、腰を下ろすこと、立ち止まること、基礎を持つことでもあります。哲学や存在論の根本的な問いに対して、私はいつも、実践的または経験的と呼ぶことのできるような解決策を探します。このことに関して私が見つけた解決策は、「あなたの依存関係の一覧表を作成せよ。あなたはあなたが依存しているものに他ならない」というものです。あるいはむしろ、「あなたが依存しているものが一つの領地を定義することになる」というものです。これが、私が実施しようとしていることです。

なぜこれが政治的な観点から興味深いのでしょうか。今のところ、現状では、私たちの政治的な意見が、かつての世界に結び付いているからです。したがって、改めて描写しなければなりません。そして、「申し訳ありませんが、あなたたちの政治的な意見は、私たちの関心を惹きません」と言わなければなりません。私の提案を単純な仕方で表現するとこのようになります。

トリュオング　――　私はあなたの共同会議体「どこに着地すべきか」の幾つかの作業部会に参加する機会がありました。オート＝ヴィエンヌ県サン＝ジュニアン、リス＝オランジス、更にはスヴランなどであなたが指導したそれらの作業部会で、あなたは参加者たちに、生存するために必要なものとして自分たちが依存している存在のうち、危機に瀕しているものを示すように求めました。あなたはそれを「靴の中の小石」とも呼んでいます。

ラトゥール —— それは意見表明に対抗する武器です。人々に政治について語るように求めると、彼らはいつも、非常に高度な一般性の次元に上昇しなければならないと思い込みます。彼らは一つの立場に身を置きます。ルソーが採る立場に近いものです。つまり自らの観点を放棄して、一般意志の観点に入り込むのです。一般意志に関与するために、自らに固有の繋がりを全て断ち切る、これが、ルソーによる政治的表現の定義でさえあります。

トリュオング —— 「全ての事実を退けよう」。

ラトゥール —— 徒党を退けよう、意見表明に対するあらゆる影響を妨げよう、ついに一般意志を手に入れるために。このことは、いつも全く無意味でしたし、現在の状況においては更に無意味です。ですから、完全に基礎において見直さなければなりません……。基礎の基礎、それは足ですね。そして足元には小石があり、私たちに痛みを与えます。これはジョン・デューイ[*1]の非常に見事な表現です。〔靴の中に小石が入って足が痛いとき〕「靴の中を見た本人だけが一体どこが痛いのかを知っている」。私たちは、痛みを感じる場所から語ることによって、一般性への拙速な移行を避けることができるのです。

私は集合体〔collectif〕という概念に対するこだわりを持ち続けています。「集合体」は「集合させる」ことが必要です。集合のさせ方が不適切であれば、何も表現することができません。したがって、自分に固有の意見を、社会的ネットワークの意見、流通する意見に置き換えるということでありません。そうしたとしても、自分がどこに居るのかを人々が知ることにはならないでしょう。それらの作業部会では、私たちは単純に、一般的な諸問題からではなく、むしろ痛みを与えるものから再出発します。例えば、私たちの仲間の畜産業者の一人は、彼が属している農業経営団体全国連合の様態の描写から始めました。つまり、農業機械を非難することで彼自身の立場を擁護している、組合活動家たちの様態の描写です。このような場合、介入して次のように言わなければなりません。「いいえ、そうではありません。あなたが依存している全ての存在の一覧表を作って下さい」。描写は独力で為されるわけではありません。描写に至るためには、人々に圧力を与える非常に強力な仕組みが必要です。

私たちの仲間であるその畜産業者は、自分が作った描写を手直しすることで、彼が依存している

＊1　John Dewey, 1859-1952.

多くのものが、特に彼が居るリムーザン地方において、危機に瀕していることに気付きます。彼は欧州連合共通農業政策に依存していますが、その政策はブリュッセルのどこかで書き直されようとしています。彼は納入業者たちに依存していますが、もしかして、それらの納入業者が彼に販売しているものを、購入せずに済ますことができないだろうかと自問します。しかし、どのようにすれば良いのでしょうか。彼は、彼が依存しているあらゆる物の一覧表を独りで作り直し始めます……。彼の作業を手伝ってあげる必要があります。そうすることで彼は、他の者たちが反応する仕方が分かるようになるので、自分の状況を見直すに至るのです。「実際のところ私は、私が今居る領地とは別の領地に住むことができます」と彼は言うでしょう。ここでの「領地」とは、私が先ほど定義した意味での領地です。一年後には、その畜産業者は、ある種の革命、ある種の変貌とも言えるようなことに着手します。そして彼は、なおも農業経営団体全国連合に所属しながらも、自分の農場を完全に変化させせました。

なぜでしょうか。描写が状況の可視化を可能にし、そのことによって状況が按配されうるからです。「どこに着地すべきか」の仕事の中で私の関心を惹くのは、このことでした。それはごく僅かな標本採取であり、非常に小さな事例ですが、このようなピンの頭ほどのごく小さな部分に対して基礎研究が為されるのです。繰り返し述べていますが、重要なことなのでもう一度言います。私が模範にしているのは陳情書です。つまり、ある領地における不当な状況の描写が、その領地の構成を詳述することで、諸制度や、国家や、あるいはその当時であれば国王に対して、陳情を行うことの可能性を明らかにし、そして、当該の行政機関の根本的な修正を提案することの可能性を明らかにするのです。もしあなたが自分の住んでいる領地がどのようなものであるのか知らないのであれば、あなたが行政機関に投げ掛ける要求は、その行政機関にとっておそらく何の意味もないでしょう。しかし逆に、行政機関は、もし領地の変更が為されたのであれば、フランスを近代化するために戦後私たちが確立してきた行政システムもまた、もはや適切なものではないと考えるでしょう。

エコロジー的な国家というものは存在しません。繁栄と自由をもたらし、束縛からの解放を維持し、そうしながらも隔離された被膜、居住可能性という被膜の内側で持続するような、エコロジー的な型というものが一体何であるのか、分からないのです。アメリカでもドイツでも、誰にも見当が付きません。しかしながら、大勢の人々がこの件に関して挑戦し、模索しています。私が主張する考えについては、「どこに着地すべきか」において私たちが行った非常に小さな標本採取を通じてその有効性を確認することができたのですが、それは、フランス革命の際に私たちが行ったのと同じ仕方で、各々が自分に関して実行することから開始しなければならない、という考えです。しかしながらそれは、今日では遥かに困難になりました。なぜなら、私たちが依存している世界についての描写は、三世紀にわたる経済の歴史によって、そして特にグローバル化によって、限りなく複雑化されています。月並みなことを言いますが、あなたがリムーザン地方や、ブルターニュ地方や、あるいはどこか別の場所で生活をしているとき、あなたは自分から非常に離れた世界に依存しています。例えば、ブルターニュ地方の豚肉にはブラジルの大豆が必要です。もし私がブルターニュ地方に居るなら、「大豆のことはブラジルに関する問題であって、私はブルターニュ地方のことに携わっているのだから関係ない」と言って、私が依存しているその世界を無視することはできません。もし私が、何とかして両者を理解し、両立させる必要があると認めるのなら、その場合、政治的な任務は全く異なるものになります。自分が依存している物事を描写する際に見えてくる問題は、政治的な問いに関して並外れた制約を課すのです。

このようにして、私が階級と呼ぶものが現れます。伝統的な意味での社会階級ではなく、地理社会的な階級です。例えばあなたが、ブルターニュ地方の内側にブラジルについての問いが突然生じることを容認するとき、そのような階級が現れます。ブルターニュ地方における居住可能性の問題を理解し始めたのなら、ブラジルにおける大豆の問題を経由しなければなりません。「あちら側のことについて、この私に何ができるのか」と自問するに至る人々には、間違いなく、大きな重圧がありました。このようなことを実践する人々が、それ以前はそれほど重圧を感じていなかったとは限りませんが、しかし彼らは物理的に同じ状態ではありませんでした。なぜなら、この描写によって可能になった自覚は、同時に、行為する能力を改めて生み出すのです。「どこに着地すべきか」の経験の中で特に私たちの関心を惹いたのは、このことです。つまり次のように考えることができるのです。もし私が私なりの小さな規模で何かを行うことができるのなら、それは、曲がりなりにも私には行為能力があるということです。世界はそのような小さな規模によって作られているのですから。

描写の作業を再開するとき、人はあらゆる政治的議論の罪から、あるいは少なくともその惨事から、脱出します。一貫して上位の次元に自らを基礎付け、一般性の別の体制へ移行しなければならないという考えからの脱出です。政治とは、一般性の次元を変更することではなく、私たちの依存と所属の網をどこまでも追跡することです。私たちはこのような実践を、治療を目的として行っているのではありませんが、しかしこの実践には、間違いなく、人々に政治的能力を再び与え、返還する効果があります。もちろん、それはごく小さな次元でのことです。しかし、大きな次元は、小さな次元以外のものでは作られていません。そして、新型コロナウイルス感染症による危機が私たちに示した見事な事例によれば、唾液を通じて感染するこのごく小さなウイルスが、三週間で地球全体を占領するに至るのです。これは、小さなものの多様な連結を起点として大きなものが構成されることの立派な典型です。

5　新たなエコロジー階級

ニコラ・トリュオング　――　地球規模の荒廃に対して戦うためには、共通の利害関心を持つ地理社会的な階級を出現させなければならないと、あなたは言います。あなたが到来を願っているそのエコロジー階級は、自らを誇りに思い、これまで付き合いのなかった人々、諸集団、諸存在との同盟によって、闘争を推し進めることができるとされています。

ブリュノ・ラトゥール　――　そうですね。それは、その他の提案よりも更に虚構的で思弁的な提案です。と言うのも、果たしてそのエコロジー階級は存在するのでしょうか。私は再び、哲学者としての仕事をしています。つまり、私たちが感じ取っていることを先取りし、名を与えるのです。現時点で私たちは、エコロジー的な問いがかつての政治的な問いの等価物になること、つまり、その問いに関して言い争うことが正当であり関心に値するようになることを、予感しています。しかし、所属関係や連合関係はかつてと同じではありません。これが、新たな階級の到来ということで私が理解していることです。マルクス主義の影響を受けた伝統的な意味での社会階級ではなく、むしろ、文明についての偉大な社会学者であり歴史学者であるノルベルト・エリアス[*1]の言う意味での文化の階級です。

エコロジー的な問いが中心的になるときが確かに来るでしょう。その文化の中で諸連合が定義され、敵と味方の分割線が定義されることになるでしょう。今のところそれは困難なものに留まります。なぜなら、よく分からないのです。例えば風力発電機の問題もそうですが、それぞれの主題に関して論争があります。エコロジー的な問いで、論争にならないものはありません。したがって、闘争の戦線を形成しなければならないでしょう。確かにこの点に関しては、階級についての古い定義が再び見出されます。しかし今回は闘争の戦線が、手短に要約するなら、生産に関する、そして生産された財産の分配に関する、自由主義的・社会主義的な問いに関してだけでなく、居住可能性の問いに関して位置付けられるのです。これは、私たちがこれまで一度も自らに課したことのない、極めて新しく難しい政治的な問題系です。先人たちは、私たちが個々の決断の際にしなければならないように、大気の温度についても対応の必要があるかどうかを考えることに、ほんの一瞬でさえ取り組んだことがなかったでしょう。もちろん旱魃《かんばつ》や、森林の消失や、その他のことに関心を向けたことはあったでしょうが、大気には関心を向けませんでした。それは考慮されてこなかったのです。しかし今や私たちは、私たちの決断の細部の内側に、その問題を取り入れなければなりません。

私が地理社会的と呼ぶそれらの階級が依然として形成過程にあるということを頭に入れておく必要があります。エコロジー的な問いが最も中心的な問いになることは明らかですが、そのことを否定する人々もいますし、他方で、どのようにしてその問いを消化吸収しなければならないのか分からないという人々もいます。人々がこの問いに係わる仕方を見ても、今日、「そうです、形成過程にあるのは新たな階級なのです」と述べる明示的な表現が不足していることが分かります。

私はノルベルト・エリアスの例を論拠にします。それは必ずしも適切な例ではないのですが、常軌を逸した対比を作り上げることを可能にしてくれます。常軌を逸することは、物事を前進させ、理解させるための、私なりの流儀です。エリアスの重要な主題は、文明化の過程を、もはや貴族階級の仕方によってではなく、中産階級の様式に基づいて理解し直すこと、あるいは思考し直すことです。その際、如何にして中産階級が、一連の模範を丸ごと使用することで権力を占有するに至り、貴族階級とその価値観に対抗して自由主義を生み出すに至るのかが問われます。そこで、エリアスの言葉を言い換えて、改めて取り上げながら、次のように言うことができるでしょう。「中産階級が貴族階級の限界を意に介さなかったのと同様に……」。ここで、たとえそれがなおも未来に関する仮定であるとしても、次のように述べることができるでしょう。「……同様に、中産階級に対し

*1 Norbert Elias, 1897-1990.

て同じような非難をするエコロジー階級というものを想像することができます。つまり、あなたたち中産階級にも、中産階級が上昇した際の貴族階級と同じ政治的限界、行為の地平に関する同じ限界があるのです」。

これが〔階級という〕巨人同士の規格外の戦いであることは認めざるを得ません。しかしながら、これら全てのことが、エリアスによって用いられた非常に驚くべき重要な表現を理解することを可能にします。彼の説明によれば、中産階級は、その上昇の時代において、貴族階級と比較して、「より合理的」だったのです。なぜなら中産階級は、特に生産というものの発見と、自らの生産力の急激な発達の中で、貴族階級よりも遥かに広大な行為の地平を想像し、獲得するからです。このことはまた、例えばプルースト*2においても、彼が用いる一連の標識全体を通じて見受けられます。中産階級の方が合理的であるというエリアスの表現は、私には極めて興味深いものに思われます。と言うのも、私は幻想の中で、エコロジー階級は次のように言わなければならないと主張するのです。「自由主義の中産階級よ、私たちはあなたたちより合理的です。なぜなら、二十世紀全体を通じて現在まで、あなたたちは、生産がその内部に組み込まれている基本的な状況が地球の居住可能性の条件であることを理解できなかったし、地球を駄目にしてしまったからです。あなたたちは非合理的です」。ある階級が、一世紀にわたってエコロジーの問いや気温についての問いを無視しながら、合理性について語ることができるなどと、如何にして想像するのでしょうか。生産はもちろん非常に重要です。その生産の分配についての問いも同様に重要です。しかし、それらは全て、それらを可能にしているものの中に組み込まれ、含まれ、嵌め込まれており、私たちは、そちらの方が最重要だと考えます。まさにこの点において、エコロジストたちに誇りを与えることが可能だし、必要です。誇りを持つことは重要です。

私たちエコロジー階級は、誇りを持って、次のように言います。「新たな合理性を体現し、新たな文明化の過程を体現し、文明化の過程の前進を体現しているのは、私たちです。なぜなら私たちは、地球の居住可能性の条件という根本的な問題を考慮に入れています」。これは、行為の地平の再定義であり、時間的地平における一つの投影です。これこそが現行の政治に欠けているものであり、現行の政治が破綻しているのはそのためです。自由主義の中産階級は、経済の回復について論じていますが、特に新型コロナウイルス感染症以来、心そこにあらずです。彼らは放棄したのです。しかし、階級にとって地平を持つことは非常に重要です。なぜなら階級とは、何よりも一つの計画なのです。「私たちが引き継ぎます。私たちが時間の地平なのです」と言うことのできる階級は、今日、まだ存在しません。

＊2　Marcel Proust, 1871-1922.

この地平は、進歩という言葉で理解されるべきではありません。それは複雑です。それは進歩ではありませんが、それでもやはり繁栄です。繁栄と進歩は同じものではありません。生存条件の無視と過去の放棄によって束縛からの解放を昔の仕方で再演するのではなく、次のように再認識することで、別の解放を見出すことが重要なのです。「ミツバチであれ、ツバメであれ、気候であれ、私は自分がそれら全ての存在に依存していることを発見する。依存することは良いことだ」。したがって、このことは更に政治哲学の問題を提起します。つまり、自律性という概念への準拠、自律しているとはどういうことなのかということへの準拠が、極めて不適切に組み立てられているのです。言わば「他律的」になる必要があります。この件に関しては拙速に進むわけにはいきません。なぜなら再発明する必要があるのです。このことが非常に複雑なのは、コスモロジーを変更するからです。私たちは、これらの問いに取り組む政治的な力を見出さなければなりません。次のように言うことのできる政治的な力です。「あなたたちはいつも不満を言います。もはや虚構が存在しないと、ユートピアが存在しないと、歴史の意味が存在しないと……」。

トリュオング――大きな物語が存在しないと。

ラトゥール――そうです。「……しかし私たちは、代わりになる別の大きな物語を持っています」。社会主義が行ってきたのはこれです。百五十年間にわたって、社会主義は、歴史や進展についての代替の物語を作ってきました。まずは自由主義者たちによって、次に社会主義者たちによって為された、知的・文化的・科学的・経済的な作業がどれだけ莫大なものであったのか、想像し難いものがあります。エコロジストたちは、その同じ作業を進めなければなりません。つまり、歴史とは何か、科学とは何か、ということを再定義する作業です。これは極めて重要です。そして、時間の地平を再定義する作業です。これは、必ずしも進歩の地平、発展の地平、あるいは火星へ行くというような地平であるべきではありません。今日、一つの政治を定義する必要があります。その政治における階級闘争は、次の問いに係わる仕方によって定義されます。あなたが地球の居住可能性の条件を詳しく描写したとします。そしてその条件の中で重要なものとそうでないものを今や区別することができるとします。果たしてあなたはその居住可能性を維持しますか、という問いです。居住可能性という根本的な問いにおいて連合する人々は、そうすることによって、言わば階級における同志、闘争における同志なのです。そのとき私たちは、あらゆる主題について全ての人々が口論するような古典的な政治に再び陥るでしょう。しかしそれは正常なことです。少なくとも何について口論しているのかが明確になるでしょう。現行の政治の惨憺たる状況の中では、何について口論しているのかも分かりません。それがでたらめな状態であることを認識する必要があります。私たちは一体どのような地平を持っているのでしょうか。私は七十五歳ですが、ミッテラン大統領〔一九八一年〜一九九五年在任〕の頃までは、政党や政策や標語を見ることで、政治の中でおおよそ自分の位置を定めることができたように記憶しています。各々の陣営の利害関心が何であるのかを知ること、そして誰に投票するのかを知ることが可能でした。闘争のための部隊編成〔alignement／列を成すこと〕が可能だったのです。つまり、「私は特定の階級に属している。私には固有の利害関心がある。その利害関心を代表する政党や政策がある。私は投票する」というわけです。しかしそれは全て形骸化しました。投票棄権者が六五%に至る事態は、取るに足らないことではありません。私たちは世界を変更したのであり、事の成り行きから、対応していた諸政党の各々が順々に完全に分裂したのです。そのような部隊編成は最後には消失しました。政党を作って大統領職の地位を得ようとしたところで、その部隊編成を改めて獲得することはできないでしょう。この点に関しては、エコロジストたちは幻想を抱いています。今や、下部から再構成しなければならないのです。私が関心を持っているのは、市民社会が、自らの領地の定義を再構成することによって、つまり自らの帰属の定義を、したがって自らの利害関心の定義を、したがって自らの連結や自らの階級的連合の定義を再構成することによって、如何にして自らを再構成するに至るのかを理解することです。このような仕方で物事を組織しなければなりません。その次に政党があり、その後に選挙があり、そこで政党に投票することができるでしょうが、それは何年も後に為されることです。

私たちは、自由主義者と社会主義者の対立に応じて約二百年前から政治を組織してきた部隊編成が文字通り分裂するという、特別な状況に置かれています。このことには、特に社会的ネットワークの役割など、数多くの異なる理由が考えられます。しかし、それでもなお、私たちの政治的情緒の全てに最も大きな影響を与えているのは、この新たな気候体制なのだと思います。この気候体制には名前が与えられておらず、根本的な問題として認知されていません。問われているのは、もはや生産でも富の分配でもありません。今や問題は、生産体系を含み、取り囲み、可能にしているものに係わっており、それは生産体系より遥かに重要なのです。結局のところ、別の階級を提案することができると考えるこの私は、一体誰なのでしょうか。私は特に誰でもなく、名を与えているに過ぎません。しかし、私が名を与える概念は、エコロジストたちに勇気を与え、誇りを与えることを可能にするのです。

6　共同的な仕組みを作り出す

ニコラ・トリュオング　――　あなたの方法は、特に集合体の中に、様々な仕組みを設置することにありますね。あなたは「集団で」作業をします。このことは、哲学や社会学についてのあなたの考えに厳密に関係しているのでしょうか。

ブリュノ・ラトゥール　――　私たちは二〇〇二年にカールスルーエ芸術メディア・センター（ZKM）で展覧会『聖像衝突』を開催しました[*1]。破壊行為としての「聖像破壊」〔イコノクラスム〕ではなく、中断された不確かな破壊行為としての「聖像衝突」〔イコノクラッシュ〕です。

それは、私自身が直接解決することのできなかった問題を扱うための、極めて傑出した思想的な展覧会でした。そこには七人の異なる専門家がいました。美術史、ユダヤ教、建築、科学などの専門家たちです。なぜ科学かと言うと、像を経ずに思考するという考えの中に、科学においても聖像破壊があるからです。私たちは、特別な美しさを有した巨大な空間を作りました。これは展覧会の素晴らしい点であり、書物の中ではできないことです。訪問者たちは、その空間の中を通行し、「構築主義者であるとは如何なることか」という、とりわけ哲学的な問いを自らに提起したのです。その集合体とその仕組みは、極めて奇妙なものでした。そこには、マレーヴィチ[*2]の作品もあれば、プロテスタントによって破壊されたカトリックの聖堂、あるいは逆にカトリック教徒によって破壊されたプロテスタントの聖堂もありました。その後、この展覧会についての幾つかの学位論文が書かれました。これらの集合体は全て、正真正銘の迂回路でもあります。なぜなら、これら全ての問題を私一人で解決することはできないからです。

トリュオング ―― あなたはよく、自分より専門性の高い人々の集合体を作り出していると仰っていますね。

ラトゥール ―― はい。当該の事柄について私より詳しく知っている人々の集合体です。

トリュオング ―― それでもやはり、あなたは全ての問題提起を方向付けているのですか。

ラトゥール ―― 私は問題を提起します。それが哲学者としての私の仕事だからです。例えば私は、物の議会について多くのことを検討し、著述しました。しかし、文章を書くだけでは大した結果は得られません。「議会で人間以外の物を代表するとは何を意味するのか。議論の対象である諸存在が直接出席するような議会では何が起こりうるのか」という問いを提起するにあたって、最も世間を驚かせたのは、二〇一五年の国連気候変動枠組条約締約国会議（COP21）の直前に、フレデリック・アイ＝トゥアティと共に、多くの生徒たちと一つの仕組みを構築して、物の議会を実際にやってみようと一緒に考えたことです。と言っても、本当に実際に行ったわけではなく、一つの状況を作り出すということをしました。そして、ナンテールの町の劇場で、何百人もの学生が、私が提起した哲学的問題の適切さを確かめるために、その状況を作り出す活動に参加したのです。「米国、フランス、ドイツ、ブラジルだけでなく、アマゾニアの――ブラジルではなくアマゾニアの――代表団、海洋の代表団、北極の代表団、石油の代表団などがいて、それぞれが自分の名において発言するような議会では、何が起こるだろうか」という問題です。そして、国連気候変動枠組条約締約国会議のように、会議の幹事が次のように述べるのです。「アメリカ合衆国、二分三十秒の発言をどうぞ。海洋、二分三十秒の発言をどうぞ」。それに続いて詳細な交渉が行われ、米国が直面している制海権の問題に関して、海洋からの貢献について耳を傾けるのです。非常に面白

＊1　*Iconoclash. Beyond the Image Wars in Science, Religion, and Art*, edited by Bruno Latour and Peter Weibel, ZKM, MIT press, 2002. ラトゥールの論文は以下に所収。ブリュノ・ラトゥール著、荒金直人訳『近代の〈物神事実〉崇拝について――ならびに「聖像衝突」』、以文社、二〇一七年。
＊2　Kasimir Malevich, 1879-1935.

いですよね。もちろん、この活動にはある程度の素朴さが伴います。いずれにしてもそれは虚構であり、役割演技なのですから。しかしそれは、極めて根本的な哲学的問題を取り扱うことを可能にし、その問題を新たに聞き取ることができるようにするのです。

私たちが話題にしているそれらの物事は、エコロジーの問いによって把握され、政治に取り込まれるのですが、まだ意識されていない場合でも、常に政治的な問いの一部を成してきました。それらの物事は全て、いつかは「教会参事会で声を持つ」〔avoir une voix au chapitre／発言権を持つ〕必要があるでしょう。この表現は、今述べている考えを示すまた別の仕方なのですが、今度は宗教的な隠喩を用いています。「教会参事会で声を持つ」つまり「発言権を持つ」とは何を意味するのでしょうか。私はこのことに関して本を丸ごと一冊書きました。『自然の政治』[*3]という本です。その表現が意味するのは、議会の次元に属するものを構築するということです。そして、そのことを試すことのできる状況に置かれることは、本当に素晴らしいことです。私たちは、またしても同じ場所、つまりカールスルーエ芸術メディア・センターで、新たな展覧会を開催しました。それは、哲学的な観点から、以前と同様に非常に興味深いものであり、『物の公共化』[*4]という題名でした。先ほど話題にした集合体の形成者たち〔collecteurs〕に関して、根本的な哲学的問題が再び提起されました。つまり、人間以外の物たちについて語る仕方が、現在どのくらいあるのか。それらの物を如何にして同時に代表するのか、という問いです。ここでもまた、その巨大な空間を横切る訪問者は、これまで一度も想像したことのないような物たちを見るのです。交渉する、妥協する、未来を決める市民集団を集結させる、このことは、議会で為されるのと同様に、技術においても、経済においても、法律においても為されます。展覧会では議会の区画もありましたが、それは一つの小さな要素、ほとんど一つの展示場所でしかなく、その周りには、別の仕方で政治を語る集合体の形成者たちを表現する他の多くの展示場所がありました。このように展示することはとても素晴らしいことでした。展覧会とは、とても素晴らしく強力な媒体であり、哲学的な問いを文章とは別の形式で取り扱う機会を訪問者たちに与えます。

私が経験哲学と呼ぶのはこのことです。ここでもまた、それは集合的なものです。展覧会を行うということは、二百人の人々が二年間にわたって共に作業をするということです。そのとき私は、私が知らなかった信じられないほど多くのことを学びます。それは方法の次元に属することだと言うことも確かに可能でしょう。しかしその方法は、言わば私の限界によるものです。私が扱うことのできない問いを、他の人々に扱ってもらうのです。つまり私は、幾つかの問いを取り扱おうと試

＊3　Bruno Latour, *Politiques de la nature. Comment faire entrer les sciences en démocratie*, Paris : Éditions La Découverte, 1999.
＊4　*Making Things Public, Atmospheres of Democracy*, edited by Bruno Latour and Peter Weibel, ZKM, MIT press, 2005.

みるために、そのことに関して私よりも遥かに多くのことを知っている人々の諸集団を私の前に集めます。それらの問いは根本的なものですが、私が自分の小さな仕事部屋で文章を取りまとめようとしているときに、私一人で解決することはできません。

ガイアが乱入したとき——これはイザベル・ステンゲルスの言葉ですが——そのとき私は思ったのです。「あまりにも強力だ。ガイアと向かい合うことで私は押しつぶされてしまう」。それゆえ私は再び、私より詳しく知っている人々、フレデリック・アイ＝トゥアティとクロエ・ラトゥールを集めて、彼らに言いました。「演劇という媒体は、ガイアという存在の到来によって生み出された情動に理想的に適合した媒体だと思います。演劇がなければ、その存在はあまりにも強力です。文章によって私たちが使うことのできる言葉では弱すぎます。なぜなら世界の目下の変更はあまりにも心を揺さぶるからです」。したがって私たちは演劇作品を作り、次に私は演劇についての三つの講演を行いました。私が自分を劇作家と見做したいわけでは全くありません。しかし哲学はメタ言語ではないので、他の諸様式と共鳴することができるのです。媒体は異なりますが、展覧会も、演劇も、講義も、同じくらい哲学的な作業を可能にします。

思想に基づいた展覧会というものが、ラトゥールという人物の思想をある空間に適用したものだと考える人がいるならば、その人は完全に間違えています。実際には、ラトゥールという人物には分からないのです。しかし彼は、何かを考えなければならないと感じています。それを何とか可能にするために、彼には他の人々の作業が必要なのです。その作業から、そして訪問者たちの反応から、彼は自分が求めていたものを学ぶことができます。それこそがとても素晴らしいのです。哲学は、基礎を目指すある種の野望であることをやめるとき、全く異なる手段を持つことができます。書物を書くことはとても良いことですが、同じくらい為すべきことは他にもたくさんあります。例えば教える必要があり、学校を作り出す必要があります。私は、学校ではなく、幾つかの教育的な仕組みを考案しました。私が考案したパリ政治学院の政治技術研究課程ＳＰＥＡＰ（芸術と政治の実験プログラム）は、十年ほど前から存在しています。

なぜかと言うと、エコロジーに係わるそれら全ての問題に、芸術なしで取り掛かることはできないからです。もしあなたがエコロジー的状況を消化吸収することのできる情緒を持っていなければ、それはあまりにも重たすぎます。あなたは単に心底不安を覚えるだけで、作業は克服し難いものになります。したがって、異なる様々な方法の間の連合を見出す必要があります。しかし、演劇作品を作ることは経済学や社会学の教科書を作ることと同じくらい重要だということを、フランスの大学に説得することは非常に難しいです。今日この問題に取り組んでいる人はあまりにも少ないです。大学が、十九世紀にフンボルトが構想した大学とはもはや異なるものになる術を学ぶことは、私にとって非常に重要でした。前衛的なことを行って、その計画が一般大衆にまで伝わっていくのを待つ、ということではありません。逆に、地表の変化を今まさに被り、自分たちがどこに居るのか理解しようとしている人々を、大学が、つまり大学の研究能力が、非常に実践的な仕方で援助できるようにしなければなりません。大学の方向を反転させ、大学が基礎研究の前衛であることをやめるためには、もちろんその基礎研究を継続しなければなりません。基礎研究はなおも非常に重要です。しかし、衝撃を受けている人々に奉仕するように方向を変えなければなりません。「奉仕する」というのは、「あなたが知らなかったことを教えてあげましょう」という意味ではありません。私たちは近代の歴史から脱出するのですが、私たちが身を沈めることになったこの新たな大地で存在するということがどのような状況であるのか、その歴史のせいで、まさに分からないのです。したがって、この新たな状況を探査する方法を見つけるために、そして人々が慌てふためき方向を見失うのを避けるために、そして人々がいつまでも現在の政治的絶望を目の当たりにするのを避けるために、できる限りのことをしなければなりません。

トリュオング――それゆえ、あなたは幾つもの仕組み、集合体、学校を作り出しましたね。同様にあなたは、「学派を形成した」という自覚はありますか。

ラトゥール――一つの生態系があり、私はそれを大いに利用しました。しかしその生態系は、非常に複雑で、非常に多様です。それは、過去の哲学的な諸学派を定義するのに用いられた如何なる意味においても、一つの学派ではありません。ドゥルーズ派やフーコー派の人々はいますが、「ラトゥール派の人々」はいません。それは良いことです。なぜなら、それが目的では全くないからです。目的はいつも、様々な専門分野や異なる類型の媒体が互いに対等であるような集合体を作り出すことでした。このことは非常に重要です。私が高く評価し、一緒に仕事をさせてもらっている多くの若い研究者たちは、次のように述べることを引き受けています。「近代化することからエコロジー化することへの移行、つまり近代化の状況から、繁栄と自由を保持しながらも地球の居住可能性の限界内に留まるという状況への移行、この移行のために必要な変化は、非常に規模の大きなものであり、私たちに対して全ての専門分野を要求し、大学で、美術館で、あらゆる機構で、可能な限りの、そして想像可能な限りの、あらゆる主題について調査することを要求している」。私はこの過渡的な時期に、私たちが手段を得るために、手助けをしました。そして、更に手助けができればと思っています。私はまだ学派を形成していませんが、そこには、今日の状況にとって本当に模範となる形式があると思います。同じ媒体を共有せず、しかし同じ問題に取り組む、全く異なる様々な専門分野の中で、共同で作業をするという模範形式です。Aクラスや Bクラスの専門誌で発表されるような科学的な成果物を作り、それが一般の人々に伝達されることを期待するような形式ではなく、むしろ逆に、研究者たちと少なくとも同じくらい混乱させられている一般の人々に目を向ける形式です。これは極めて重要な模範形式です。

7　宗教的なものの真理

ニコラ・トリュオング――『歓喜する、あるいは宗教の言葉の苦悩』[*1]の中で、あなたは次のように書いています。「これが、彼が語りたいと思っていることだ。これが、彼が語ることに成功しないことだ。彼はあたかも口止めされて黙っているかのようであり、言葉に困惑しているかのようである。はっきり述べることができないのだ。彼にとってずっと以前から非常に重要であることを、彼は共有することに成功しない。彼は両親の前で、近親者たちの前で、隠蔽することを余儀なくされる。彼には口ごもることしかできない。友人たちに、仲間たちに、甥や姪たちに、生徒たちに、どのようにして打ち明ければ良いのだろうか」。

「彼」とは、ブリュノ・ラトゥールさん、あなたのことですね。私はあなたに、あなたが信者であるのか、それとも信者でないのか、ということを尋ねるつもりはありません。なぜなら、個人的な観点からも哲学的な観点からも、そのような仕方で表現されるべきではないと、私は理解しているからです。ですから私はあなたに単に次のように尋ねます。なぜ宗教的に語ることがそれほど難しいのでしょうか。

ブリュノ・ラトゥール —— 宗教の言葉は非常に特異な類型の真理言表〔véridiction／誠実さ、真理を言うこと〕に相当します。その発言は、言葉が向けられた人々を改宗させたり、変化させたりする特性を持っています。キリスト教徒、説教師、信者などは、自分の言葉と、自分が述べる内容によって、話し掛ける相手の存在を変化させます。それは、科学者が研究室で行おうとしていることとも、政治家が自分の選挙のために行おうとしていることとも、法律家が自分の仕事の中で行おうとしていることとも異なります。宗教家の真理言表の様式は、もう一度言いますが、全く独特なのです。その声の調子も、その適切性の条件と呼ばれるものも——つまりそれは失敗しうるということなのですが、その条件も——その様式に固有のものです。それら多様な真理言表の様式においで興味深いのはこのことです。つまり、失敗することがあるのです。実際にそれが非常に頻繁に失敗するということは、説教を聞きに行きさえすれば分かります。私は数日前に、今は亡き姉の葬儀に参列しました。その葬儀の司祭たちは極めて陰鬱で、彼らの悲惨な説教は演説行為としては完全に失敗であり、その教会にいた誰一人として改宗させられることはありませんでした。科学的事実が見出されるのが稀であるのと同様に、宗教的な発話行為が成立するのは稀です。

しかしその一方で、話し掛ける相手を変化させるこの非常に奇妙な形式の言葉が、絶対的真理という考えに言わば結び付けられているのも事実です。私は偉大なエジプト学者であるヤン・アスマン[*2]がとても好きなのですが、彼がこの問題について非常に興味深い著作を残しています。彼の考えによれば、私たちが西洋文化の中で宗教と呼んでいるものは、実際には、宗教的な問いに真理という概念を導入した特定の宗教に相当します。ところが、それ以前は、宗教は必ずしも真理である必要はなかったのです。ギリシア人の宗教というものが存在しましたし、あるいは更に言うなら、都市国家スパルタの宗教とは異なる都市国家アテナイの宗教というものが存在しました。それらの宗教は、単に市民的なものというだけではありませんでしたが、それでも市民的な形象であり、自らが唯一の真の宗教であると信じることを要求していませんでした。しかし、「真の」とは何を意味しているのでしょうか。まさにこの点において、真理言表の諸様式についての問いが極めて重要なのです。真理言表という意味での真理とは、私が述べる内容によって私が話し掛ける相手を変化させる力のことです。改宗のためのこのような真理様式こそが、まさに、愛徳の行為を通じて、つまり信仰と呼ぶことのできるものを定義する行為を通じて、千年も二千年も受け継がれているのです。

その一方で、「私たちの神が真の神である」と述べる一つの真理があり、この真理はそうするこ

＊1　Bruno Latour, *Jubiler ou les Tourments de la parole religieuse*, Paris : Éditions Les Empêcheurs de penser en rond / Le Seuil, 2002 ; Éditions La Découverte, 2013, p. 7.

＊2　Jan Assmann (1938-).

とで、真理の別の形式へと転換する恐れがありました。アスマンによれば、これがユダヤ教とキリスト教に起こったことです。それは全く革新的なことでした。ギリシア人は誰も、「アポロンが真なる神である」、「ゼウスが真なる神である」などとは言わなかったでしょう。真理という観念が神という観念に結び付けられうるというこの驚くべき考えが世界に導入されたとき、その真理は、真理のその他の諸形式を蝕み、浸食し始めました。そして宗教性〔le religieux／宗教的なもの〕は、単に独自の様式において真であるだけでなく、道徳においても、科学においても、法律においても同様に自らが真であると主張することで、その他の様式を侵略し始めたのです。

あなたが引用した文章は、宗教性についてのこの全面的な無理解について論じています。この無理解の最大の不幸は政治性〔le politique／政治的なもの〕において見られます。それはつまり、宗教は自らに固有の様式の外部でも真であるので、政治的な事柄に携わるための覇権主義的な使命を持っている、という考えです。私たち全員の指導者である偉大なスピノザは、彼がまさに「神学・政治」論――これは若干奇妙な言葉ですが――と名付けた規格外の著作[*3]の中に、極めて重要な問いを導入しました。それは、私たちとは別の時代にあって、次のような問いを解明しようとする試みでした。政治性を救うことはできるだろうか。政治に固有の真理様式を救うことはできるだろうか。それを、同様に独自の真理様式を有している宗教性から救うことはできるだろうか。

この問いが十七世紀に提起されたことを私が指摘するのは、今日、同じ問いが提起されているからです。私たちもまた、幾つかの神学的・政治的な問題に直面しています。キリスト教に対してだけでなく、その他の宗教に対しても同様です。政治的な意味での真理とのそのような繋がりを解くことができるためには、宗教的な様式に固有の真理言表の類型を抽出しなければなりません。これは非常に興味深い仕事です。コンスタンティヌス一世〔ローマ帝国の皇帝、在位は三〇六年〜三三七年〕の時代に遡り、物事が幾つもの段階を経て決められていく過程を理解する必要があります。つまり、まずキリスト教が一つの制度になる時期があり、そして再び十二世紀には、皇帝・教皇主義と呼ばれるものが生み出されます。それは、今後はキリスト教が行政や文明の全般的な管理を規定し、心の底の私的な道徳から全般的な政治までの全てに係わる、という考えです。より後の時期の別の事例もありますが、いずれにしてもその都度、政治的な様式の適切さが失われ、同時に、宗教的な様式の適切さが失われます。

スピノザによって使われた用語は、奇妙なものに見えますが、しかし極めて重要です。私たちの歴史を通じてずっと提起されているのは、確かに、神学的・政治的な問いなのです。私が『歓喜す

＊3　Baruch De Spinoza, *Tractatus Theologico-Politicus*, 1670. スピノザ著、吉田量彦訳、『神学・政治論』（上・下）、光文社、二〇一四年。

る、あるいは宗教の言葉の苦悩』の中で推進し、他の多くの活動の中で推進してきた企ては、宗教性に固有の真理の独創性を守ることです。その真理を、信仰と混同しないようにする、そしてその真理を、世界に秩序を与え、道徳に係わり、政治に係わるための手段という考えと混同しないようにするのです。

トリュオング —— しかし、あなたの著作を読む限り、神学的な事柄は、たとえ政治的な事柄を助けに来ることはできないとしても、エコロジーの問いを引き受けようと試みることならできるのではないかという印象を受けます。私は特に『ラウダート・シ』を念頭に置いています。それは教皇による二〇一五年の回勅のことですが、大地の叫びと貧困者の叫びを関連付けています。一方で神学的な事柄は、特にその回勅を通じて、[*4]今日、気候の問題を引き受けることができ、その危機に対する私たちの無力という謎から脱出するのを助けることができるように思われます。他方であなたは、ドイツ人のエジプト学者ヤン・アスマンと共に、神学的な事柄の一神教による表現は、自然と文化を分離すると同時に自らの存在様式の主導権を示すことで、ある意味で近代人と同じ過ちを犯したと考えておられます。この逆説をどのように考えたら良いのでしょうか。

ラトゥール —— 三世紀にもわたって、教権〔宗教上の権威〕に係わるこの問題は、動きが取れなくなっています。科学による主導権の奪取は宗教の主導権の移動を引き起こし、その結果、哀れな修道士たちにはもはや超自然的な事柄について語ることしか残されていません。神学者たちにとってエコロジーの機会は、疑いなく、解釈のための空間と責務を再び開くという結果をもたらします。私が彼らに言葉を掛けるのは、このことについてです。「あなたたちが手にした素晴らしい機会をよく見てください。一世紀半にわたってあなたたちは教会を近代化するべきかどうか自問し続けてきました。そして今やあなたたちには、もはやその問いを自らに提起する必要はありません。あなたたちは近代化に抵抗し、近代化の中で自らをどのように位置付けるべきなのか理解できないでいましたが、その近代化は、もはや問題ではないのです。あなたたちの目の前で近代化は終わるのです」。それでもなお、彼らは必ずしもこのことに同意しているわけではありません。エコロジーが例えばキリストの受肉の問題を改めて提起する絶好の機会であることを、司教や司祭たちに説明することは、なおも非常に困難です。しかしながら、天上よりも先に現世が重要であるという、今日では放棄されたこの考えは、教会それ自体の伝統の一つであり、教会の創始者たちにとってかつて極めて重要だった古典的な問題なのです。

近代性の終焉によって、教会は、改めてこの考察の領野を開き、人間になった神についての自ら

＊4　底本の「à travers ces temps cycliques／それらの周期的な時期を通じて」を「à travers cette encyclique／その回勅を通じて」と読み替えた。発音は同じなので、文字起こしの際の間違えだと思われる。

の伝統を再び見出すことができるようになります。その神は大地の只中におり、創造の只中におり、その創造に参加するのであり、その創造と同じ流れの中にいる相互立会人なのです。エコロジーと共に、神学的な面での好機が開かれます。つまり、多くのことを考案する必要があるのですが、そのことはもしかすると、聖母マリアや他の多くのことについて、つまり蓄積された連続的な遮蔽物について、語るのをやめさせることになるかもしれません。それらの遮蔽物の一つ一つは正当な理由で作り出されたのですが、しかしそれらの理由は今や数世紀前に遡ります。

あなたが貧困者の叫びとガイアの叫びの連関についてのその文言に言及したのは正しいことです。その連関はもちろん、近代人のコスモロジーの視点からは全く無意味です。大地は叫びませんし、貧困者が叫ぶとしても、その声も聞こえてきません。その途方もない融合は、「貧困者」が「社会的に恵まれない者」を意味し、神学が理解するような意味での「貧しき魂」が全く無意味であるような、非宗教的な世界においては、想像不可能です。エコロジーにおいて、全く新しい可能性を検討することができるようになるのです。教皇が見事にやって見せたのは、新たな神話の考案です。そして多くの人々は、多くの司祭や枢機卿は、「私の姉妹である大地」という、この唖然とさせるような考案[*5]に激怒しています。それは極めて奇妙です。どのように解釈すれば良いのでしょうか。教皇がこのようなことを言ったとき、司祭はどうすれば良いのでしょうか。このときから、好機が開いているのです。

エコロジーを新たな宗教的イデオロギーと見做すべきではありません。そうではなく、エコロジーが有している、新たな可能性を開く能力に注目すべきです。これはエコロジーについての非常に拡大された解釈ですが、その解釈が私たちの間の合意を可能にします。必ずしも全てのキリスト教徒の間での合意ではありませんが、近代性の終焉に立ち会っている私たち、政治性の価値をどのように再発見すれば良いのか理解しようと試みている私たちの間での合意です。実際のところそれは、改めて文明化する機会なのです。私たちは近代化と共に自らを文明化しました。しかしその文明化は不適切でした。なぜならこの窮地に導いたのですから。今や私たちは、エコロジーの問いと共に、改めて自らを文明化することができるのです。

＊5 『回勅 ラウダート・シ』の冒頭で教皇フランシスコは、アッシジの聖フランシスコを引用して、「わたくしたちの姉妹である母なる大地」と述べている。邦訳前掲書九頁。

8　作られている通りの科学

ニコラ・トリュオング　――　生物についての今日の多くの思想家たちとは違って、あなたは、危機に瀕した生物種や自然空間の保護からエコロジーに辿り着いたわけではありません。科学についての社会学や哲学のどのような問いが、あなたをエコロジーへ導いたのですか。

ブリュノ・ラトゥール　――　エコロジーは私の主要なテーマではありません。私は科学者の活動の分析を通じてエコロジーに辿り着きました。如何にして科学が作られているのかを観察し始めたときに、私はこの主題に行き当たったのです。「作られている科学」、これはかなり前にミシェル・カロンと共に出版した論文集[*1]の題名なのですが、「作られてしまっている」科学ではなく、「作られつつある」科学に関するものです。科学はいつも論争を通じて作られます。つまり、少しばかりの政治、少しばかりの自我、科学者同士の競争のちょっとした活力、などの中で作られているのです。このことは、現代だと、例えば新型コロナウイルス感染症についての科学、寄生動物駆除剤についての科学、あるいは気候問題に関する科学において、完全に観察可能です。

そして科学はまた、限られた一定の場所で、稀な地点で作られています。私が言いたいのは研究室〔laboratoire／実験室〕という対象です。それは私を五十年間にわたって熱中させました。その場所で諸事実や諸発見が確立するのです。例えばエンドルフィン〔体内性モルヒネ〕のような非常に重要で興味深いものもそこで確立します。今となっては誰もがエンドルフィンのことを知っています。しかし、サンディエゴのソーク研究所で、研究室という場所を観察する中で、私は、日に日にエンドルフィンが作られていくのを、つまり私がいたその人工的な場所から言わば姿を現してくるのを、見たのです。それは私を夢中にさせました。あなたが、大文字の〈科学〉〔理想化されて威厳を与えられた科学〕に関する古典的な認識論で教育されて、研究室にやって来るとします。そして諸事実を観察する中であなたは、極めて素晴らしい事柄に、つまり研究室は人工的であるからこそ間違いのない事実を確立することができるということに、気付くのです。研究室が稀な場所であるからこそ、あなたは確実性に到達するのです。発見とは非常に稀なものなのです。

トリュオング　――　なぜあなたは、社会学者として、科学と研究室に関心を寄せたのですか。

ラトゥール　――　研究室は、客観性とは生産され製作されるものであるという見事な矛盾を考察することを可能にします。これは巨大な哲学的な問題であり、認識論はこのことを三百年前から論じています。如何にして科学的真理に到達するのか。つまり、如何にして一つの文の中で「それは製作されている」と「それは真理である」を結び付けることができるのか、という問題です。この問いをどのように扱えば良いのでしょうか。「見に行きましょう」というのが私の答えです。このような迂回は、諸問題を扱う際の私の通常の方法になりました。「如何にして真理が作られるのかという」これほど受動的な哲学的な問いに答えるためには、一つの現場が、一つの場所が必要です。それがどのように作られるのか、それがどのように製作されるのかを見るための場所です。ミシェル・フーコーならそのように作業を進めます。

そしてこれが、私が研究室で二年間過ごしたことの正確な理由です。つまり哲学的な問題に、しかし諸実践の分析の細部を通じて、取り掛かるためです。そこで私は、その大きな謎が、経験的な仕方で完全に研究可能であることに気付きます。どのようにして数時間のうちに、「そのエンドルフィンは、まだ確実ではない」から「それは確実だ、確立された事実だ」へと移行するのかを、詳しく描写するのです。如何にして科学的真理に到達するのかという、解決できない哲学的な問題が、経験的に研究可能になるのです。そして、それを可能にするのは経験的な研究だけです。現場の研究が非常に面白いのはそのためです。もちろん、それがどのように行われるのかを理解するために

＊1　Michel Callon et Bruno Latour (dir.), *La science telle qu'elle se fait, Anthologie de la sociologie des sciences de langue anglaise*, Paris : Éditions La Découverte, 1991.

は、長時間そこに留まり、様々な一連の原理、方法、人類学、哲学を組み合わせて、驚くべき物事を分析しなければなりません。夕方の五時の時点でエンドルフィンがまだ一つの推測であり、五時半にはそれが一つの事実であるということは、極めて驚くべきことです。

トリュオング　――　確かにその通りですね。では、それはどのようにして可能なのですか。

ラトゥール　――　それはまさに微小な諸手段によって為されるのですが、それらの手段は研究室で為されることとの蓄積なのです。例えば、実験用のネズミたちが、エルドルフィンを注射した際に何が観察されるのかというような、それらに対して提起される問いに反応する仕方があります。あるいは、研究室の同僚たちが最初の仮説に異議を唱えて何度も投げ返す返答があります。これらの連続する様々な論争を省略することはできません。なぜなら論争こそが、研究室によって作り出される応答に特定の資格を与えること、あるいはその応答を遥かに確実にすること、遥かに堅固なものにすることを、可能にするのです。私が調査した研究室は、エンドルフィンに関して生じつつあることを批判的に論じる同僚たちに取り囲まれていました。しかも競争関係にある研究室が同時期に四つか五つあり、研究室によってエンドルフィンという名称まで異なっていたということも考慮に入れなければなりません。それが安定化の局面に到達し、不確実性が消え去るのです。これは驚くべきことです。事実は「作られている」、しかし確実である、ということが観察されるのです。

このことは、特定の科学的方法とは全く何の関係もありません。なぜならそれは、行き当たりばったりに作られているのですから。私はこのことを詳しく示しています。研究室では、注意を集める何らかの対象を何とか安定させるために、多様な手段が探求されるのです。

このようにして、イザベル・ステンゲルスによって見事に定義された事柄が生じます。つまり、まだ起動しつつある事実に過ぎないエンドルフィンが、あなたがそれが何であるのかを言うために、エンドルフィンの名において語ることを可能にするのです。このとき、あなたの主観的な生産、あなたには同僚たちがいて背後には一つの社会があるという事実、それら全てが消え去ります。今や、確立された事実が言わばそれ自身のために語るのです。それ自身のために、もちろん人工的に作られた研究室の中で、そのエンドルフィンが語ることを可能にする社会的な世界全体を背後に伴って、語るのです。その対象は非常に素晴らしかったので、完全に科学哲学の埒外に身を置いていました。科学哲学は逆に、科学とはあなたを臆見から救い出すものに他ならず、もはや社会性とも政治性とも何の関係もないものだと見做していたのでした。私は研究室で二年間過ごして、全く逆のことを見てきました。臆見、社会性、政治性などは、まさに科学者たちが没頭している諸実践なのであり、それらの実践によって彼らは客観的な事実を生産するに至るのです。四十五年も前から、私や私の仲間たちは、この明白な事実を示そうと努力してきました。そのために私たちは共に、一つの正真正銘の科学史ないし科学社会学を作ったのです。しかし私が思うに、そのことのほんの一部分でさえも科学者たちには伝わりませんでした。

トリュオング ―― それはどういうことですか。

ラトゥール ―― それは支配権の問題です。私はこの用語で正しいと思います。私たちの研究分野の影響は、あまり大きかったとは言えません。大文字の〈科学〉〔理想化されて威厳を与えられた科学〕の支配権が、それだけ社会についての分析全体に影響力を持っているのです。このことは特にフランス社会について言えますが、しかしフランスだけではありません。

トリュオング ―― 現在の公衆衛生上の危機についても同様ですね。

ラトゥール ―― この危機は、人々が科学者たちに直ちに事実を生産するように要求する仕方を明確に示しています。「あなたたちは科学者なので事実を生産する」というわけです。しかしそうではありません。このことをイザベル・ステンゲルスは彼女なりの仕方で示し続けています。事実は稀なものです。科学的な発見が存在するのは非常に稀なことです。万能の科学的方法が存在し、白衣に袖を通しさえすればどんな言葉でも大文字の〈科学〉に属していると見做される、という考えは嘘です。それは欺瞞です。なぜなら、ある専門分野で上手く行くことが、別の専門分野では上手く行きません。同じ専門分野の中でも、ある事例に対して成功することが、その次の事例に対しては必ずしも機能しません。したがって、私や私の仲間たちの着想は、地に根を張っていない科学、ダナ・ハラウェイの言葉を借りるなら「どこでもない場所からの眺め」〔view from nowhere〕であるような科学を、その中で科学が作られた網《ネットワーク》に連れ戻すことです。私たちは直ちに喧騒を引き起こし、過呼吸気味の哲学者たちは科学批判だと言って糾弾しました。しかし逆なのです。それは認識論に対する批判なのであり、科学に対する批判でも、科学的実践に対する批判でもありませんでした。科学は、宇宙についての「どこでもない場所からの」眺めを構築することを目的としない謙虚な科学的諸実践として認識されるときに、より良く擁護され、より良く理解されるということを、今日私は主張しています。そして、気候危機と新型コロナウイルス感染症による危機によって、このことは私にとってより一層明らかになったと言わざるを得ません。

科学的実践が客観的な事実に到達するのは、つまりこれだけは科学的に確信することができるという事実に到達するのは、まさにその実践が様々な同僚たちの間で為され、詳しく追跡されるからであり、まさにその実践が人工的な研究室を構築し、資金の調達を必要とするからであり、まさにその実践が過ちを犯し、躊躇し、稀だからなのです。しかしこのことは、科学者たちの臆見の中に、科学者たちの日常的な見解の中に、受容されることはありませんでした。

トリュオング ―― とりわけ気候変動に関する政府間パネル（ＩＰＣＣ）によって、状況は変わり始めていますね。あなたのお話では、ＩＰＣＣのメンバーの一部は、私たちに起こっていることを理解するためには、あなたやあなたの科学哲学が必要だと、時折あなたに言うようですね。

ラトゥール ―― 気候科学は特に興味深いです。気候科学は、物理学や化学、そして多くのモデルやアルゴリズムによって作られており、海洋浮標や人工衛星や柱状採泥などに同時に依存しています。簡単に言うと、それは何億もの異なるデータのパズルなのです。昔の哲学者たちが言うところの仮説演繹的な科学ではありません。それは多種多様なデータの集積による科学であり、その堅固さは多くの糸で織り上げられた絨毯の堅固さに似ています。この同じパズルを用いて、実質的には一九八〇年代から既に、二酸化炭素が地球の気温を上昇させて行くことが論証されていました。このことに関しては確信があったので、気候について研究していた人々は、それに続いて行動が起こるだろうと思っていました。しかし彼らは非常に驚かされました。行動が起こらなかっただけでなく、その上彼らは、「科学によれば何々である」と言えばそれで済むような科学の権威の下で自らを擁護できると思っていたまさにその点に関して、攻撃を受けたのです。数え切れないほどのあらゆる圧力団体が、それはフェイクニュースであり科学は全く別のことを言っていると、直ちに反論したのです。一九九〇年代に開始して現在も終了していないこの問題に関して、私は多くのことを調査しました。

私の関心を特に惹いたのは、この問題が科学者たちに、つまり気候科学や地球科学や臨界領域に係わる科学者たちに、科学を大文字化する〔科学を理想化して威厳を与える〕例の認識論、彼ら自身が「科学によれば何々である」と言って「それに続いて行動が起こる」ことを期待する根拠としていた認識論が、彼らをほとんど擁護しないことに気付かせたという点です。科学によれば何々である、しかしそれに続いて行動が起こることはない、なぜなら、当然ながら大文字の〈科学〉など存在しないのです。言わば彼らは木製の剣で防戦し、「見てください、私たちは科学者です、私たちが正しいのです」と言っていたのです。彼らは攻撃を受け、意気消沈しました。そのとき一部の人々が私たちに、つまり私自身や私の仲間の科学論者たちに会いに来て[*2]、援助を求めたのです。しかし、私たちの援助には条件があります。彼らは、それが一つの実践であるという考え、非常に特殊で非常に高価な網《ネットワーク》の中に位置付けられ、細心の注意をもって維持されなければならない実践であるという考えを、受け入れる必要がありました。科学者であるというだけで述べることが科学的であるという、間違った万能の考えを捨てなければなりません。科学者は万能ではありませんし、科学は独力では機能しません。

＊2　底本では「mes collègues des sciences et moi」となっているが、元になる録音では「moi et mes collègues de *science studies*」となっているので、それに従って訳出した。この部分は映像作品には収録されていないが、オーディオブックで確認できる。

問題は、科学者たちが費用を支払わずに利益を欲しがるということです。彼らは、科学的実践を求めると同時に、真理を定義する彼ら独自の方法が他の方法に対して、つまり臆見や道徳や宗教などに対して、支配権を持つことを求めます。例えば、経済学者でさえも自分たちは科学的であると言いますが、このことには全く何の意味もありません。科学的という言葉は合言葉のように使われています。それは攻撃のために槍を手にする一つの方法ですが、科学的実践とは全く何の関係もありません。

9　存在様式

ニコラ・トリュオング　――『存在様式の調査』[*1]は、あなたの主な出版社であるラ・デクヴェルト社から二〇一二年に出版された大著ですが、その中であなたは、科学の支配権や、宗教の支配権や、その他の幾つかの存在様式の支配権に立ち向かっています。あなたの考えでは、哲学とはまさに、存在様式の多数性の番人なのでしょうか。

ブリュノ・ラトゥール　――　私は社会学者なのか、それとも哲学者なのか、いつまで経っても私には分かりません……。

トリュオング　――　でしたら、それ自体が提起されるべき問いですね。

ラトゥール　――　結局のところ私は哲学者なのですが、しかし、社会学的な問いを解決することも試みる哲学者です。社会が何で作られているのかという問いです。社会は社会関係によって作られていると仮定されます。しかし、私がパリ国立高等鉱業学校の革新社会学センター〔Centre de sociologie de l'innovation〕の友人たちと共に推進する機会を得た、ここでもまた共同での研究の中で、私たちは、社会学は社会性〔le social／社会的なもの〕についての学問ではなく、諸連合〔associations〕についての学問であるということを主張しました。社会学は、相互に何の関係もない物事の間の不均質な諸連合を対象とするのです。技術に係わる断片、法律に係わる断片、科学に係わる断片、などの連合です。

このことの背後には正真正銘の哲学的な問いがあると、私はいつも考えていました。本職の社会学者である私の同僚たちは、決して私には同意しませんでした。古典的な哲学者である私にとって、この問いは真理についての問いです。真理とは何でしょうか。全体性に関心を向けることは、ありふれた表現を用いるならば、哲学のＤＮＡに書き込まれています。それはヘーゲル的な全体性である場合もありますが、それ以外にも数多くの全体性があります。例えばホワイトヘッドの全体性です。

トリュオング ―― つまり哲学は全てを思考しようとする、ということですね。

ラトゥール ―― 哲学は全てを思考しようとし、世界を作っている全てのものを思考しようとします。これは平凡な問いですが、私はいつもそれが極めて明白な問いだと考えていました。そして同時に、哲学は性質上そこに到達しないのです。哲学はそこに到達しないことを知っています。哲学は必ずしも批判的なものではありませんが、不確実性の中に、試行錯誤の中に置かれています。私が提起した全く古典的な哲学の問いに話を戻しましょう。真理とは何でしょうか。

私は、宗教的な存在様式における真理性についての問いを検討することを通じて、そのことに関する特定の考えを既に持っていました。私はまた、研究室についての調査の枠の中で、客観性の生産に関心を寄せていました。その枠の中でも、確かに一つの真理様式が問題になっています。しかし、最も唖然とさせられた発見は、それがどれだけ局地的なものであるのかを確認したことです。ネズミを使って実験を行う研究室から論文の出版までの複雑な道のりのただ一つの段階でも欠落すれば、事実は消え去ります。一点一点を順に辿ることによってのみ真理が獲得されるのです。なぜだか分からないのですが、子供の頃から、一点一点を順に辿ることについてのこのような問い、つまり「通過する」ことについての問いが、いつも私の関心を惹いていました。あなたは段階を飛ばすことはできませんし、あなたが通過する段階ごとに対価を支払う必要があるのです。

＊1　Bruno Latour, *Enquête sur les modes d'existence. Une anthropologie des Modernes*, Paris : Éditions La Découverte, 2012.

一点一点を順に辿ることについてのこの問いを、重大な哲学的問題に属するものと見做すことは、奇妙に見えるかもしれません。しかし、これが私の方法なのです。もしそれを方法と呼ぶことができるとすればの話ですが。つまり、全体についての問いに関心を向ける、しかし、直接的でない非常に綿密な仕組みを通じて全体に到達する、という方法です。研究室では、段階ごとに客観性を獲得して行きます。裁判所でも、一つの段階も損なわずに一点一点を順に通過しなければなりません。そのことが形を整えることを可能にします。これが、私が法律に強い関心を寄せた理由です。「法的に正しい」ことは、全く異なる別の選択肢として、真理として可能であるものの一つの事例であり、この事例には唖然とさせる美しさがあります。もしあなたが、「あなたは正しいのかもしれませんが、残念ながら法的には間違っています」と言えば、それが何を意味するのか誰もが理解するでしょう。同様に、弁護士があなたの証言を認め、あなたの心的外傷を認めながらも、法的にはあなたは間違っていると告げたとしても、あなたは理解できます。もし裁判官が言ったのであれば、それは決定事項です。完全に法律に固有である真理の類型が存在します。誰もが、それが他とは別のものであることを理解しており、同時に、それが確実であること、あるいはより特殊なものとして「法的に確実」であることを理解しています。「法的に」という副詞は、一つの存在様式として、つまり別個の一つの真理様式として尊重されます。そしてその真理様式は、言うなれば、他のものに過干渉しません。つまり、それ以外の真理様式に対する特別な支配権を持っていないのです。

革新社会学センターに着任したとき、私はずっと以前から、複数の真理様式を並べて比較するという考えの中に身を置いていました。それゆえ、真理についての問いと、それに並行する社会学的な問い、つまり私たちの社会が何で作られているのかという問いが、関連付けられたのです。私たちの社会は、法律、科学、技術、宗教などで作られており、つまりそれら全ての異なる真理体制、真理様式で作られています。諸断片の間の諸連合が社会を合成しているのです。社会性は、それら全ての部分から作られており、相互に相容れない様々な類型の真理から作られています。

あなたが誰かに、「残念なことに、あなたは恐ろしい心的外傷を負いましたが、それは法的には間違っています」と言えば、その人の気持ちを落ち着かせはしませんが、その人は、法的な事柄に特有の非常に特殊で専門的な真理様式を識別します。言い換えるなら、その真理様式は、他の真理様式とは区別され、科学とは完全に異なる固有の潜在力、固有の誇り、固有の遂行能力を有しています。「それは法的に正しいのですが、それだけでなく科学的にも正しいです」とは言いません。少なくともその方向ではそうは言いません。なぜなら逆に、科学者は、科学的に正しいことはその帰結として物事全体に対して万能な仕方で正しいのであり、他の宗教家、法律家、政治家たちは臆見以上のものを生産していないと、躊躇なく言います。物理学や化学や生物学が作り出すのは、並外れた美しさを持った諸々の発見です。しかし、近代という時代において科学的な真理様式が確立される際に、それら全ての科学が一緒になって万能の認識論の中に飲み込まれ、地に根を張っていない状態に置かれ、「どこでもない場所からの眺め」の中に移されたのです。その期間、他の諸実践に対しては、それらの方法、それらの思考対象、それらの成果、それらの発見が、主観性に属するものに過ぎないと言われました。そして、世界は既に完成していると言われたのでした。このようなことは犯罪に相当します。つまりその場合あなたは、様々な真理様式を同時に破壊して消滅させ、科学的様式それ自体の真理も消滅させるのです。なぜなら、あなたはどのようにしてその真理が作られているのかも、どのようにしてそれらの事柄に到達するのかも言うことができず、科学的生産における一点一点を順に辿る作業を見失ってしまうからです。

私にとって法律が言わば羅針盤の役割を果たすのは、法律が必ずしも支配を企んでいないからです。もちろん法律が支配権を持つことへの願望というものが全くなかったわけではありませんが、それ以外の全ての様式は結局は法律的様式である、というような考えを耳にすることはほぼあり得ないでしょう。その理由はおそらく、法律は非常に古くからあり、科学よりずっと以前からあるので、次々と並んで確立する幾つもの真理様式の布置の中で、既に構成されているからです。あなたの最初の問いに答えるなら、私が思うに、まさにこの点において哲学は方向を転換するのです。哲学は、真理についての探求と問題提起という自らの企てを継続しますが、おそらく複数の真理を見出すことを受け入れます。真理など存在しないという相対主義的な意味においてではなく、それぞれの様式が、その隣にある別の様式とは異なる、真理を言表する特定の仕方を定義しているという意味においてです。

政治性〔le politique／政治的なもの〕に関心を向けるのであれば、これらの問いに取り組むことが根本的に重要です。なぜなら、政治性の真理というものも存在するということが完全に忘れられています。政治家たちは軽蔑されており、でたらめなこと言っている、最も平凡な意味でのレトリックを用いている、と言って非難されます。しかし、まさに政治に対して向けられた軽蔑のせいで、政治における虚偽言表と真理言表についての研究がほとんど存在しないのです。ところが、政治性の真理というものは確かに存在します。述べられたことの虚偽性と真実性、発話の信憑性と非信憑性を区別することは、誰にでも容易にできます。どんな政治家でも、自分が嘘をついているのかそうでないのか実際はよく分かっています。それを導き出すことが非常に難しい場合であっても、全く明白な基準があります。つまり、不明瞭な苦情から権力機関による命令までを繋ぐ長い円環の中で、あなたの言葉は、一つの段階から次の段階へ移行することを可能にし、その円環を機能するものとして構築することを可能にしているだろうか、と問うのです。もしあなたが、その円環が機能しないように立ち回っているならば、その場合、あなたは嘘をついています。政治的に嘘をついています。なぜなら、もう一度言いますが、それは科学的な嘘、法律的な嘘、あるいは宗教的な嘘ではなく、政治的な嘘なのです。政治性の尊重という問題は常に私の関心を惹きました。政治性を尊重に値するものにするためには、それを分析して完全に理解することが必要なので、その存在様式を経由しなければなりません。

法律や政治や科学に加えて、私は同様に、並外れた美しさを持ったもう一つの様式についての研究にも、多くの時間を使いました。それは技術です。技術的な真理は他の真理とは非常に異なり、別の仕方で問題含みです。それは例えば、ある物が上手く作られているのか、下手に作られているのか、といった問いを提起します。

トリュオング――「それは機能するのか」という問いですね。

ラトゥール――「それは機能するのか」「それは技術的に良いのか」といった問いです。科学と技術を混同してはいけません。なぜならそれらは異なる二つの存在様式だからです。何かが技術的に良いとして、そのことは、それが科学的に正しいということを意味しません。技術についての多くの歴史学者たちがそのことを示しました。技術者たちは、嬉々とした無関心をもって科学的な禁止事項を通り抜けます。彼らが突進するのは、科学的な真理が彼らの問題ではないからです。彼らの問いは技術的な真理に関するものです。

テクノロジーについての問いと、技術が支配する世界の到来に関しては、哲学的な愚かな言動が蓄積されており、その文献は豊富です。しかし、私たちが使用する各々の機械は、連続的な変換計画の中の一瞬であり、動画の中の静止画像でしかなく、その計画こそが、完全に不均質な一連の資源を結集させているのです。技術の中には例えば法律が乱入しています。このことを理解するには、遠距離通信機器や、私たちが使っている他の如何なる機械でも良いのですが、そこで用いられるコードや規格を標準化するために、何百人もの法律家が集まっている様子を思い描いてみれば充分です。もし技術について考えたいのなら、その連続的な運動の中で技術を考察するべきです。つまり、技術的対象についての問いの中ではなく、計画についての問いの中で考察するべきです。

同様に、その変換運動は、私たちがその性質を理解しようとしている例の集合体を横断し、それを部分的に合成しています。それは、古典的な社会学によって想像されるような社会的集合体ではありません。古典的な社会学は、その内部に全ての社会的関係が一緒になって収まるような、ある形式の上部構造を直ちに想像します。しかし、それはバターのように堅固さに欠けるのです。そのような社会学に欠けているのは集合体の形成者〔collecteur〕です。社会学者たちの頭を離れない例の集団現象〔phénomènes collectifs／集合的現象〕というものが、それにも拘らず、如何にして集合させられたのかが分からないのです。集合体に関心を寄せながらも集合体の形成者を問わないのは、ごみ箱に関心を寄せながらも決してごみ収集人についての問いを提起しないのと同じことです。したがって、私の仲間たちや私自身の関心を惹くのは、まさにこの問いなのです。その集合体の形成者は何なのか。

社会学が諸連合についての学問として与えられるや否や、物事は形を成して持続し始めます。あなたは、集合体が科学者や政治家や法律家や技術者たちによって集合させられていることを最初に認め、そして、例えば法律と技術の間の諸連合について調査をするにつれて、集合体が意味を成して確かなものになるのです。

私が自分が社会学者であるのか哲学者であるのか決して分からないことの理由は、社会性を理解するために、私が複数の存在様式に関心を向けるからです。そして、その同じ理由によって、私はやはり本当に哲学者なのです。もし私が複数の存在様式について思考することのできる哲学者でなければ、私は社会性を理解することができません。

10　政治の円環

ニコラ・トリュオング ―― ブリュノ・ラトゥールさん、あなたの考えでは、「闘争活動家」〔militant〕は、自らが徹底的に反宗教的であると明言する場合であっても、絶対性への、そして絶対的真理への自らの関係を、宗教から取り入れています。闘争活動家は真なる政治を標榜し、政治的真理の担い手を自称するとされます。それゆえあなたは、闘争活動家よりも「積極行動主義者」〔activiste〕の態度の方を好みます。あなたは、闘争活動家と積極行動主義者を、どのように区別しているのですか。そしてあなたは、そのことを、どのように政治的真理についての問いに関連付けているのですか。

ブリュノ・ラトゥール ―― 政治性について考えるためには、当然ながら、選挙や政党だけで満足してはなりません。政治性の公認の世界から幾分か抜け出し、集合体の問題へど率直に回帰する必要があります。連合の社会学においては、集合体とは作り出すべきものです。諸現象それ自体が集合的であるわけではないので、集合体を集合させるためには、集合体の形成者が必要です。私は既に、集合体の技術的形成者、宗教的形成者、科学的形成者などについて言及しました。しかし、完全に異なる様々な考えや立場を持つ多数の人々を起点として「声を一つにして語る」と全く正当に呼ばれる事柄もまた、非常に重要な形式の政治的な集合体形成者です。

ある人が「私はあなたを代弁している」と言い、別の人が彼に「そうです、もし私自身が語っていたなら、あなたが語ることと全く同じことを言ったでしょう」と応えるような状況に到達するには、並外れた変容が必要です。誰かが別の人から与えられた命令を受け止め、「もし語るのが私だったら、私は同じことを言ったでしょう」と言うような状況でも同様です。

誰かただ一人が語るとき、百、千、万、一千万の人々が「そうです、それがまさしく私が考えていることです」と言うようにする、この非常に特殊な様式は、どのようにして作られるのでしょうか。それは単に私が語ることが他の人が語ることと同一であるということではありません。「同じ」ことが語られているのではなく、ここでもまた、極めて一点ずつの、一つのことから別のことへの変形があるのです。このような機能の仕方は私たちにとって馴染みのものです。それは、人々が一つの集合的な声を具体化するような、社会の中のあらゆる場所で見受けられます。それは経営者の場合もあれば、生産者などの場合もあります。従業員を擁している人は、絶えず政治的なことをせざるを得ません。主夫や主婦は家族という集合体を形成する同様の義務を負っています。なぜなら、その集合体を形成するのに、他に何もなく誰もいないからです。維持することは容易ではありません。語られたことは最後には完全に変化するので、集合体は絶えず分散しようとするからです。例えばあなたが一つの苦情を表明すると、その苦情は多数の連続的な変容や翻訳を経て、一つの命令や提案や、あるいはより公式の枠組みについて論じるとすれば一つの規則を、与えるに至るかもしれません。枠組みがどのようなものであれ、ここでもまた、一点一点を順に辿って、あなたがこれから語ることが同じものであり続けることを常に想像し、同時に、それが一点一点を順に辿って完全に変形されることを覚悟しなければならないでしょう。

私の語ることが変形の連鎖の中で次の段階へ通過するように、私がある特定の仕方で語ることを受け入れること、そして、私の語ることがその過程の中で完全に別のものになることを自覚すること、このことによって、真実と誤謬の基準が見出されます。これは物事を単純化して示す舞台描写ですが、不明瞭な苦情から命令の発信に至るまでの政治の円環に沿って、〈私の語ること〉と〈語られたこと〉の間の差異は維持されなければなりません。しかし、そこに如何なる類似性もないのなら政治は消滅します。真理の基準から最も頻繁に外れるのもこの点です。それは微妙です。想像してみて下さい。六千万のフランス人から成る社会の中で、一つの苦情が陳情になり、次に規則になり、最後に命令の発信という形で回帰します。最初の言表と送り返された言表との間には、おそらく如何なる類似性の関係もないでしょう。次に想像してみて下さい。六千万のフランス人が政治的な事柄を生み出すこのような能力を失い、次のように言うのです。「私は政治的な問いには関心がない。私は自分の価値観に執着し、自分の意見に執着する」。自分の意見に執着することは、政治的には偽ることになります。なぜなら、意見というものは、その定義からして、次の段階へ通過するために変形しなければなりません。そして次の段階は、物事に関する自らの定義を独自に持っています。そしてまたその定義をその次の段階へと通過させ、それが最終的にはあなたの下へ回帰するのです。

この真理様式は非常に不安定で、いつ崩壊してもおかしくありません。企業主なら、主夫なら、主婦なら、国家元首なら誰でも、この連続的な変形を、裏切ることなく実行することが不可能であることを知っています。しかもこの裏切りは必要なのです。あなたが言及された区別に話を戻すなら、これこそがまさに、闘争活動家が理解していないことです。闘争活動家は、宗教性の真理様式を取り入れているだけではありません。その真理様式が持つ変異、変形、釈義、媒介などの運動を取り去った、完全に非宗教化された解釈を、そこから導入しているのです。

闘争活動家は、政治性を定義するためのそれらの所作を全て完全に見失っています。彼らとは違って、ある場所での風力発電機の問題や、別の場所での移民の問題に関して、それが規則や発令の形で回帰するに至るには、そしてそれらの命令がようやく執行され順守されるには、とてつもない作業が必要になることを知っている人のことを、私は積極行動主義者と呼ぶのです。そして、政治性の恐ろしい要求、政治性が持つ凄まじい性質は、それが、そのとてつもない作業を常に再開するように求めるということです。なぜなら、もしあなたがその運動を中断すれば、再び全ての人々はスズメのように分散するのですから。

トリュオング　——　あなたが必要な裏切りと呼ぶものの例を一つ挙げていただくことはできますか。

ラトゥール　——　最も多く繰り返し現れる根本的な裏切りは、「私は命令を与えました。その命令は順守されるでしょう」と述べるときのものです。どのようにしてあなたは命令が順守されることを欲するというのでしょうか。あなたが発した命令は最後には変形されます。誰も命令には従っていません。せいぜい、述べられたことに対する自らの理解に従っているに過ぎません。私は改めて物事を大雑把に舞台描写しますが、下の方にいる人々が「私自身の考えは何々で、私には自分の意見があって、私には自分の価値観があって、私はそれに固執します」と言うとき、状況は紛糾します。もしあなたが自分の価値観に固執して、自分の意見に固執するなら、あなたは政治的な事柄を行っておらず、その活動の続きを準備していません。これが最初の政治的な過失です。二番目の過失は、「私は命令を下し、為すべきことを既に全て準備しました。ご覧ください。私たちは既に多くのことをしました。私たちは多くの規則を制定しました」と述べて、それが順守されると思うことです。一番目の過失、つまり自分の意見を信じ、それに固執し、それが忠実に、透明かつ絶対的な仕方で表現されることを求めることは、最近の破局の形式です。もしあなたが正確で正当な表現を要求するなら、あなたは政治性の中に私が〈ダブルクリック〉と呼ぶものを持ち込むことになり、政治性は消失してしまいます。

トリュオング —— その〈ダブルクリック〉という概念は非常に興味深いですね。それは、ある特定の思考態度のほとんど擬人化のようなものとして与えられ、コンピュータを使う人なら誰もが理解できるあるイメージを通じて、媒介を省略すること、一つの点を飛ばすことを示していますね。

ラトゥール —— 〈ダブルクリック〉は、近代的なサタンの一つの形象です。それは、媒介なしで済ますことができるという考えです。宗教においては、原理主義者たちの中に〈ダブルクリック〉が見出されます。政治においては、積極行動主義者たちよりも闘争活動家たちの中にそれが見出されます。もちろん科学においても、科学は場所に拘わらず行われる、科学者がいる限り科学が存在する、という考えの中に〈ダブルクリック〉が見出されます。現在では、社会的ネットワークやデジタル通信技術が部分的に原因となって、完全伝達の理想が、一つの「私自身の考えは何々」から別の「私自身の考えは何々」へと何の変形の必要もなく通過する、この流動として具現したように思われます。それは、政治的、科学的、宗教的な諸々の〈ダブルクリック〉間の、ある種の根本的な闘争であり、それが実際には、全ての様式を次々と破壊ないし粉砕することになります。

私たちはこのことを、新型コロナウイルス感染症による危機の始まり以来、大いに観察することができました。科学者が〈ダブルクリック〉に直面すると、嘘をついているとして非難される状況に陥るのです。なぜでしょうか。事実を生産するには非常に長い時間が必要であり、事実を手に入れるには莫大な量の情報が必要なので、科学者はまさに時間が、統計が、器具が必要だと言い、事実の発見を早めることはできないと言うからです。私たちは現在、あらゆるものを偽りとして非難する苦しい時代を生きています。フェイクニュースはその症状の一つです。これは、一部の人々が突然分別を失ったということではなく、媒介という観念が失われたということです。私たちは諸媒介の全般的壊滅の一形態を経験している最中であり、それが、私たちが生きるために必要なあらゆる様式を偽りのものにしています。私たちは文明の危機の只中にあり、私たちの生存を保証するあらゆるものが〈ダブルクリック〉の力で攻撃されています。〈ダブルクリック〉の前では、あらゆる様式が嘘つきだと見做されます。なかなか理解されないのですが、本当の偽りは、「あなたは透明ですか。あなたは私の意見を、私の苦しみを、媒介なしで運んでくれますか」という要求が示されたときに、その要求を無媒介的に満たそうとするような政治家の偽りなのです。実際には、選挙で選ばれた人は次のように言わざるを得ないでしょう。「いいえ、それはできません。このことは必然的にしかじかの別の委員会の中で形を変えることになります。物事が私たちの所まで回帰できるようになる前に、弧を描いた一連の諸段階の全体を通過する必要があります」。

トリュオング　——　あなたは次のように書いておられます。「結局それは非常に奇妙なことだ。一方で、全ては決着が付き、全ては失われ、全ては終わったという印象がある。他方で、何も本当には開始していないという印象がある」[*1]。あなたはこのことを、同時に哲学について、政治について、宗教について考えているのですか。

ラトゥール　——　私たちは一つの破局を体験しているところです。その破局は今日、それに対応できない私たちの無力ゆえに、本当の悲劇に変化しました。人々がこの状況に打ちひしがれたように感じていることを認めなければなりません。ですので、ある様式のコスモロジーから別の様式のコスモロジーへの揺れ動きの中で私たちが経験しているこの時代の深刻さを示した後にこのように言うことはもちろん奇妙なのですが、しかしながら私は、私たちは素晴らしい時代を生きていると思うのです。かつてのコスモロジーから近代人のコスモロジーへの移行の中で似たような激動を体験した十六、十七、十八世紀と、もう一度比較してみることができます。当時もまた、とても美しい時代でした。芸術において、科学において、そして文化全体の中で、多くの興味深いことが起こっていました。私たちは類似した状況に置かれています。物事が私たちの目前で並外れた仕方で開かれるのです。いずれにしても私は、哲学者の役割は崩壊論者や破局論者が流す無数の涙に涙を加えることではなく、むしろ逆に、行為潜在力〔puissance d'agir〕を再び与えようと努めることだと思っています。

エコロジーは、私たちが近代的であったときに持っていたありとあらゆる信念の影響を受け、それらの信念によって長い間歪められてきたように思います。忘れないでおきたいのですが、例の近代性に関する事柄は、私たちを純粋に空想的な、大地に外にある、居住不可能な世界へ導き、その世界の中で私たちは、過去の信念に属するあらゆるものを放棄しようとしていました。このことは、火星旅行という考えによって見事に隠喩化されます。大地は私たちを夢中にさせてくれませんが、火星へ行くことは、それこそ本当に興味深いことだというわけです。このような種類の飛翔と離陸の神話がようやく嘲笑の対象となり、風化し、消失することは、素晴らしいことです。全く正直に言うと、ようやくそこから着地することで、本当にほっとしています。たとえそれが重大な墜落であったとしてもです。なぜなら少なくとも、私たちはようやくここに居るのです。私たちは自分の場所に居て、何が起こっているのかを理解しようと、今や試みることができますし、試みたいと思っています。今や一つの景色が、一つの大地が、新たな大地が、私たちの足元で、私たちの目

＊1 Bruno Latour, *Jubiler ou les Tourments de la parole religieuse*, *op. cit.*, p. 196.

の前で開かれるのです。

そして新たな大地には、諸民族以外の何が必要でしょうか。「どの大地にどの民族を」という問いを改めて提起するのは興味深いことです。私はこのことを、少し意外な仕方で、「民族形成の再開」と呼んでいます。どれほど近代性が、あらゆる状況についての研究を不可能にしていたのか、なかなか理解されません。近代的であること、それゆえ近代化の前線の重圧によって、そして近代的なものと時代遅れのものを常に区別する義務によって、絶えず動きが取れなくなっていること、これは耐え難いことです。常に全てを閉じなければならないというのは大変な重荷でした。近代性は私たちを閉じていたのです。今やそれらは全て一掃され、様々な問いが再び開かれます。それはもちろん困難で、動転させられますが、それにしてもほっとするのです！

11 哲学は本当に美しい

ニコラ・トリュオング ―― 「社会学とは何か」という問いに、あなたは「社会学は社会性についての学問ではなく、諸連合についての学問だ」と答えます。ではあなたは、「哲学とは何か」という問いには、どのように答えますか。この問いには、特にジル・ドゥルーズとフェリックス・ガタリが、彼らの共同作業の最後に、答えようと試みました。彼らは著作の冒頭で、この問いは晩年にしか、つまり老年が訪れ、具体的に語る時期が訪れたときにしか、提起されえないと述べています。彼らは次のように書いています。「以前は、私たちには充分な節度がなかった。哲学をしたいという欲求が強すぎた。文体に則した型通りのものを除けば、哲学が何であるのか自問することもなかった。「それは一体何だったのか、私は生涯を通じて何をしたのか」とようやく言えるような、非文体的な地点に到達していなかった」[*1]。ブリュノ・ラトゥールさん、あなたは生涯を通じて何をしたのですか。そして、哲学とは何なのですか。

ブリュノ・ラトゥール ―― ジル・ドゥルーズとフェリックス・ガタリの著作は非常に重要で

す。それは素晴らしい著作で、科学の諸様式を定義することに取り組み、特に別の様式である虚構〔fiction〕の様式の研究に多くの時間を割いています。虚構の中にも真理についての問いが見出されます。つまり、驚くべき仕方で、私たちは虚構の中に真なるものを識別し、そうすることで、「そうです、それは真理です、虚構として」と認めることができるのです。それは、並外れた力を持った存在様式であり真理様式なのです。

トリュオング —— 虚構の只中で、文学の只中で、真であるものの例を挙げていただくことはできますか。

ラトゥール —— 最近、リュシアン・ド・リュバンプレ〔Lucien de Rubempré〕のことが大変話題になっていますね。リュシアン・ド・リュバンプレは、私が座っているこの椅子と同じくらい存在しています。

トリュオング —— 『幻滅』[*2]の中でバルザックによって作り出されたその登場人物が、どのようにして同じくらいの存在を持つことができるのですか。

ラトゥール —— その登場人物は持ちこたえています。したがって、議論の余地のない存在力を持っているのです。別の哲学者、しかもドゥルーズが大いに読んで大いに活用した哲学者であるエティエンヌ・スーリオ[*3]は、見事な仕方で、虚構の人物たちが独自の様式、固有の様式を持っていることを論じています。リュバンプレが存在していると述べ、同時に、「彼はどのような仕方で存在しているのか、彼の存在論はどのようなものなのか」と自問することは可能です。ここで少しの間、思弁的な哲学を行う必要があります。哲学は、存在そのものについての問いを、自らの強迫観念にしました。持続するものがあり、存在の流れがあり、しかしその彼方に、存在することの中で変化しない何か別のものがあるとされます。この考えは宗教の中に、哲学の中に、そしてもちろん科学の中にも見出されます。変化するものを、自然法則という変化しないものに繋ぎ止めるという考えです。存在についての問いを存在よりも長く持続するものに再接続させようとするのは、近代人におけるある種の強迫観念です。

しかし私たちはコスモロジーを変更しました。そして今や私たちは、これは単に生物から成る世

＊1　Gilles Deleuze et Félix Guattari, *Qu'est-ce que la philosophie ?*, Paris : Les Éditions de Minuit, 1991, p. 7. ジル・ドゥルーズ、フェリックス・ガタリ著、財津理訳、『哲学とは何か』、河出書房新社、一九九七年。文庫版、二〇一二年、七頁。
＊2　Honoré de Balzac, *Illusions perdues*, 1837-1843. バルザック著、野崎歓＋青木真紀子訳、『幻滅――メディア戦記』（上・下）、藤原書店、二〇〇〇年。
＊3　Étienne Souriau, 1892-1979.

界ということではないのですが、持続しないものによって持続するものから成る世界に居るのです。[*4]これまで論じてきたあらゆる存在と真理の様式は、他のものによって継続するという特徴を持っています。それは「存在としての存在」に対立する仕方なのですが、私はそれを「他者としての存在」と呼んでいます。存在物が存在の中で継続するために、その存在物は、その都度別のものを通過しなければなりません。全くありきたりの例を挙げるなら、ここであなたと議論をしに来るために、私は朝食を取らなければなりませんでしたが、このことも同様です。私は、私の存在の中で最後まで持続するために、絶えず他者を飲み込むのです。この性質を持っていない存在物は何一つありません。存在するものは、他者を通過しなければ、時間の中で持続することができないのです。なぜなら、哲学を、そして世界の理解を、持続するものに基礎付けるという考えは無意味です。持続するあらゆるものは、まさに持続しないものによって持続するのですから。

思弁的な余談はここまでにして、存在様式の問いに話を戻すなら、興味深いのは、用いられている他性の類型をその都度突き止めることです。虚構の場合、バルザックがリュシアン・ド・リュバンプレという登場人物を作り出すとき、彼はそれが持ちこたえるかどうかを絶えず自問します。その作り出された存在の堅固さは、むやみに書き込まれた多くの紙片以外のほとんど何物でもありません。しかしその書き込まれた紙片から、――大量のコーヒーを飲み、幾つかのロース肉、七十五個の牡蠣を食べた後に――バルザックは、それ自身の力で持ちこたえる存在を生み出すのです。もし私たち自身が、彼の作品の読書の間、その存在を維持すればの話ですが。もし私たちがバルザックを読むのをやめれば、もちろんリュバンプレは消失します。したがって私たちは、文字の殴り書きから作り出された非常に特殊で非常に独特な存在を、そこに維持しているのです。その存在は持ちこたえており、しかも、あなたが著作を読む際にあなたを捕らえる並外れた力を持っています。そして、それにも拘らず、その存在は、その存在を肩の上に担いでいる人々に全面的に依存しているのです。つまり、「ガリア人は自分たちが作った楯によって維持されていた」ということです。スーリオによるこの隠喩はとても美しいですね。これが意味するのは、もしあなたがあなたのリュシアン・ド・リュバンプレを維持することをやめたら、あるいはもしリュバンプレが学校で教えられなくなったら、そのときリュバンプレは消失するということです。

自らの生産様式に完全に依存しながらも真である諸存在についてのこの問いは、またしても構成主義の問題なのです。それらの存在の各々は、構成されたものについての、つまり適切に構成されたもの、機能するもの、そして機能しないものについての、異なる定義を与えます。私たちは、映

＊4　底本の「des choses qui durent parce qu'elles ne durent pas／持続しないがゆえに持続するもの」を、元になる録音を参考に、「des choses qui durent par ce qui ne dure pas／持続しないものによって持続するもの」と読み替えた。この文の前半部分も録音を参考に内容を修正して訳出した。

画館へ行ったり演劇を見たりするたびに、物語と登場人物が破綻せずに成り立っているかどうかを判断します。なぜなら、もしそれが成り立っていないなら、それは失敗であり、あなたが費やした り利用したりした全てのことが無駄になります。映画を製作したり、書籍を執筆したり出版したりする人々には、その同じ問いが提起されます。それらの問いは特殊なものです。なぜなら、虚構というものは、リュシアン・ド・リュバンプレが確かにしかじかの場所で生まれたのかどうかといった問いに基礎を置いていません。そのようなことは、もはや全く無意味なのです。重要なのはむしろ、虚構に固有の定義の仕方であり、それはその都度、他性についての新たな理解を与えます。それは、並外れた力を持った一つの真理原則です。それは科学的に正しいわけではありません。なぜなら、単純に、「科学的に正しい」とは数ある真理生産様式の一つでしかなく、それと並んで、虚構や政治や宗教や技術には、それぞれ固有の様式で真理を作り出す仕方があるのです。

「哲学とは何か」という、あなたの一般的な問いに戻りましょう。あなたが言及してくれた美しい引用に従って、経歴を終えようとしている老人として、もし私がその問いに答えなければならないとすれば、私は、哲学はメタ言語ではないと言うでしょう。哲学が存在そのものを定義することはないでしょう。それは基礎も、全ての物の基盤も、それぞれの物が何で作られているのかも、定義することはないでしょう。哲学とは慎ましい実践であり、しかもそれ自体も文字の殴り書きに依存しています。しかし哲学は必要不可欠です。哲学は、リセの最終学年〔高校三年次に相当〕の最初の授業のときに、私を捕らえました。私は、「僕は哲学者だ」と言いました。なぜなら、哲学なしで済ますことが私には容認しがたいように思われたのです。哲学は、実際的な仕方で――なぜなら私は実践的な哲学者なのですから――存在様式の多様性を並列的に維持する方法を見出します。つまり哲学は、諸様式が相互に浸食しようとする瞬間、これを私は範疇の誤謬と呼んでいますが、それを突き止めるのです。[*5] そのような範疇の誤謬は無数にあり、それを観察して研究することは非常に興味深いです。「私は科学者であり、白衣を着た研究者なので、私の言うことは全て科学的である」と述べる科学者は、その一例です。その科学者は、研究室も、同僚たちも、代弁者として語ることを可能にする巧妙な仕組みも一切持っていないのにも拘らず、科学や科学的真理の代弁者を自称することで、範疇の誤謬を犯しています。

私にとって哲学とは以上のようなものです。それはまず必然的に集団的なものです。それは、他の人々と共に、如何にして多様な様式が維持されうるのかを何とかして突き止めることであり、そして、相互に浸食しようとせずに何とかしてお互いに尊重し合うことです。このことは、政治と宗教と科学の間の関係にとって極めて重要です。多様な様式が相互に過干渉しないようにするには、

＊5　この文は対談の録音に従って内容を再解釈した。対談では次のように述べられている。「Ce qui veux dire repérer entre les modes le moment où ils essaient de se manger, ce que j'appelle les erreurs de catégorie.」

区別の基準を備えないと難しいでしょう。哲学は非常に重要であり、私たちが乗り越えようとしているこの時代においては死活問題です。なぜなら哲学は、諸様式が相互に破壊し合うのを避けさせることができるのです。その区別の基準は、必ず経験的な仕方で調査する必要があります。哲学の役割は、判断をすることではなく、範疇の誤謬を突き止めるための繊細で小さな手順を維持することです。そして、「あなたの言っていることは政治的に正しいですか」と尋ねるのです。あるいは、「政治に真理などありません。私は何でもやります。勝つことが重要なのです」と言う人に対して、「違います。政治的な真理というものがあり、それを尊重できるのでなければなりません」と答えて反論するのです。哲学は科学においても同様の役割を演じます。科学者が、自分たちは科学者である以上どこにでも行けるのだと言い始めたときに、哲学が反論するのです。

このことは、カントの三批判と無関係ではありませんが、異なるのは、カントが平和の審判者になるという点、つまり彼がこの問題の解決案を見出すという点です。今日このような立場は不可能だと私は思います。哲学とはそのようなものではありません。哲学は必然的に手探りで進みます。諸様式の多様性をその都度維持して保護することを可能にするような、経験的で集団的な仕組みを見出さなければなりません。もしかするとこれが私の貢献であり、少なくとも私の固定観念です。

トリュオング――では、哲学は一つまたは複数の神殿の番人ではなく、存在様式の多様性の番人だと言うことはできるでしょうか。

ラトゥール ―― できます。ハイデガーは、哲学は「存在の牧者」だと言います。この表現を再利用することができますね。なぜなら哲学には確かに牧者的なものがあるのです。しかし全く異なる意味においてです。指導者という意味ではなく、狼と羊たちの間の殺戮を、そして様々な羊たちの間の殺戮を、回避しようと努める者という意味です。これは、世界が何であるのかを語ることをようやく可能にするようなメタ言語の役割と比較すると、とても慎ましい役割です。しかし無視できるような役割かと言えば、そうではありません。なぜならこの役割は、哲学に、絶えず範疇の誤謬に対して注意深くあることを求め、他の諸様式に対して、そして諸様式が浸食し合う傾向に対して、注意深くあることを求めるのです。哲学は多くのことを要求する実践ですが、それ自体もまた、様々な存在様式から成る体系の只中で、一つの独自の存在様式と見做されるべきものであることを忘れてはなりません。

偉大な哲学者ウィリアム・ジェイムズ[*6]が見事に述べたように、「哲学とは前置詞を尊重すること」です。[*7] そして同様に、副詞を尊重し、理解することでもあります。「科学的に」とは何を意味するのでしょうか。「法律的に」の意味は何でしょうか。「政治的に」や「宗教的に」はどうでしょうか。

＊6　William James, 1842-1910.

もしあなたが科学的に語りたいのであれば、証明することができなければなりません。もしあなたが虚構として語るというのであれば、そのことが成り立つために、やはり立証できなければなりません。もしあなたが「技術的に話しましょう」と言うのであれば、それは機能しなければなりません。最後にもしあなたが「法律的に語る」ことを求めるのであれば、その場合は、見出されるために多くの時間を要求するその非常に特殊な法律的な繋がりが、実際に成立可能でなければなりません。

トリュオング――「存在の牧者」という表現は、そのように理解されるのであれば、哲学のとても美しい定義だと思います。

ラトゥール――ハイデガーの場合とは全く異なる意味においてです。

トリュオング――哲学者は存在の牧者ですが、群れを正しい場所へ導く案内人では全くないということですね。

ラトゥール――本当に美しいですね、哲学は！

トリュオング――なぜあなたにとって哲学はそれほど美しいのですか。

ラトゥール ―― 私はその質問に答える術を知りません、涙を流しながらでなければ。哲学者なら知っていることですが、哲学とは、全体性に関心を向け、しかし決して全体性に到達しない、全く驚くべき形式なのです。なぜなら、哲学の目的は全体性に到達することではなく、全体性を愛することなのです。愛というのは哲学の言葉です。

トリュオング ―― 英知への愛ですね。

ラトゥール ―― もちろん到達しえない英知への愛です……。ですので、私はその質問に答える術を知りません。飛ばしてください。*8

---

*7 『存在様式の調査』の中で、「前置詞」は「調査のメタ言語」の一つとされ、各々の存在様式に固有の「規格」ないし「解釈の鍵」を示すことで、存在様式の多様性を保証する役割を担うとされる。*Cf. Enquête sur les modes d'existence, op. cit.*, pp. 484-485.

*8 直訳すると「ジョーカーを出します」で、「その話はこれ以上できないので飛ばしてください」という意味。本書には収録されていないが、オーディオブック『エコロジー的変動』第一一節でも、自己描写の作業としてラトゥールが課した「あなたの存在は何に依存していますか」という問い（この問いには具体的に答えなければならないことになっている）をトリュオングがラトゥール自身に提起した際に、ラトゥールは躊躇して、それはあまりにも個人的な問題なので答えられないと言い、「ジョーカーを出します。その問いは飛ばしてください」と言っている。

12　リロへの手紙

ニコラ・トリュオング　――　ブリュノ・ラトゥールさん、この本を読むときに四十歳になっている一人の人物、一人の市民、一人の地球人に、あなたは何を語るでしょうか。あなたには三人の孫がいます。そのうちの一人はリロという名前の男の子ですが、彼は一歳です。あなたはリロに何を語るでしょうか。

ブリュノ・ラトゥール　――　この先四十年間について何を語ることができるでしょうか。私はソレイユ婦人*1ではありませんよ。私は最初に、これからの二十年間は困難な時代になると思うと、リロに伝えるでしょう。彼は心構えをしてしかるべきでしょう。私は彼が地球化学やエコロジーの勉強をすることを期待します。分かりませんが。

私たちの過去の生活条件からの変化に対して、私たちが対応する際の信じられないほどの緩慢さ、それは部分的には先行する諸世代、特に私の世代の責任なのですが、その緩慢さを踏まえると、居住可能性の生産が迅速に為されないことは明らかです。彼の世代は、それに先行する時代の無活動の中で為された選択の結果を被ることになります。その帰結は、自然科学によって予告された破局が、その世代に襲い掛かるということです。もちろん、私がリロに与えたいと思う最初の助言は、「二十年間にわたるエコロジー的不安に耐えるために、あらゆる可能な治療手段をしっかりと探究するように注意しなさい」というものです。私たちの子供たちや孫たちに絶望を回避するための治療手段を持たせることが必要になります。

あなたが私に求めていることは、本当に難しい問題です。ですので何の根拠もなしに、仮説を立ててみたいと思います。つまり、もしかすると四十年先まで想像してみた方が良いのかもしれません。なぜなら、世代が受け継がれて行くのを見ると、その次の二十年間は多分より良いものになると思うのです。おそらく私たちは、私たちが置かれている場所を、ようやく捉えていることでしょう。つまり、今度こそ着地していることでしょう。その前の二十年間の多くの変化や破局、そして私たちが既に今日経験している変化や破局は、最後には消化吸収できるものになっているでしょう。私たちは最後には、そこから脱出することを可能にするような、政治的制度、法律的定義、芸術、科学、そしておそらく改善された経済状況を、見出していることでしょう。

世界の終わりを告げるのは、祖父の役割でも、哲学者の役割でもありません。最初の二十年間は困難な時代になるでしょうが、その次の二十年間は、私たちが今居るこの時期に中断されている文明化の過程をどのように再開させるのかを、見出していることだと思います。そして、もし私がリロに四十年後に再会する約束をすると想像してみるなら、そのとき私たちは、近代の挿話と私が呼ぶ時期を通じてずっと陥っていたエコロジー的状況に対する否認と無知と無理解の時代を、一緒に、歴史として眺めることでしょう。私たちはその時代を、一緒に、今日私たちが十三世紀のローマ教皇主義の教会を眺めるときのように、奇妙なものとして眺めることでしょう。つまり、その時代においては非常に重要で、その時期には見事な物事を作り出し、しかしまた完全に過ぎ去った、全く奇妙なある種の形式として、眺めることでしょう。それが、私がリロに願う最良のことです。

＊1　Madame Soleil, 1913-1996. フランスの有名な占星術師。

謝辞

以上の対談は、ヴェロニカ・カルヴォ〔Veronica Calvo〕ならびにブリュノ・カルサンティ〔Bruno Karsenti〕と共に行われた準備的な対談に多くを負っている。両者ともにブリュノ・ラトゥールと親しく、彼の著作を熟知しており、この書籍版の作成に至るまでの作業に携わった。ローズ・ヴィダル〔Rose Vidal〕は、書き直しと再構成の作業を担当した。それによってこの文章は、忠実性の要求を確保するように絶えず配慮しつつ、議論の口承性を維持することができた。その一部分は二〇二二年十月十一日の『ル・モンド』紙に掲載された。最後に、シャンタル・ラトゥール〔Chantal Latour〕は、この企画を最初から支持し、彼女の信頼、一貫性、絶大な親切心のおかげで、この対談が最良の環境で行われることに寄与した。彼ら全員と、彼らを通じてこの企画の実現を可能にした全ての人々に、心から感謝したい。

本書は、カミーユ・ド・シュネ〔Camille de Chenay〕とニコラ・トリュオング〔Nicolas Truong〕によって製作されたニコラ・トリュオングの映像作品『ブリュノ・ラトゥールとの対談』（« Entretien avec Bruno Latour » ©YAMI 2/ARTE France, 2021）に基づいて作られた。

訳者解題

本書は Bruno Latour, *Habiter la Terre, Entretiens avec Nicolas Truong*, Paris : Éditions Les Liens qui Libèrent et Arte Éditions, 2022 の全訳である。

本訳書の底本であるこのフランス語原典『Habiter la Terre』は、巻末にも記されているように、映像作品『ブリュノ・ラトゥールとの対談』に基づいて作られている。この映像作品の収録時間は一時間四十五分である。しかしこの底本には、一部、映像作品に収録されていない文章も含まれている。本書冒頭の「凡例」に詳しく示したように、本書の元となる対談自体は二〇二一年十月に行われたようであり、収録時間四時間二十七分のオーディオブック『エコロジー的変動』が、その様子をより詳しく記録している。本訳書を作成するにあたって訳者は、底本がラトゥールの言葉を正確に反映していない可能性があると思われた場合、映像作品とオーディオブックで内容を確認し、必要最小限の修正を施した。

対談の中でラトゥールは、自分の死期が近づいていることを口にしながらも、[*1] 年齢を感じさせない躍動感をもって、よどみない語り口で、彼の思想の全体像と、その一貫性を描き出そうとしている。冒頭に置かれたニコラ・トリュオングによる「序文」は、この対談で言及された様々な主題を列挙し、その全体像を示そうとしているが、そこでラトゥールの思想の一貫性が表現されているとまでは言えない。本書の対談部分を読むことで、ラトゥールの思想の一貫性が、つまりそれが比較的単純な、しかし多面的な展開を伴った、「一つの」思想であることが、どこまで伝わるだろうか。少なくとも、そこには多くの手掛かりが散りばめられている。

　ラトゥールの思想は一つの哲学として成立している。このことは間違いない。しかしこのことはまだ、それほど明確には示されていない。彼の思想の様々な側面を丁寧に整理し直し、整合的に理解できることを示す必要がある。しかしこの作業は、想定される作業量の多さを考えると、なかなか困難である。少なくとも本書は、エコロジー関連の問題系に偏った特定の角度からではあるが、ラトゥールの思想の全体像を有機的に示すことにそれなりに成功しているので、その一貫性を捉える足掛かりとしての役割を果たすことができる。その意味で本書は、ラトゥール哲学の入門書になり得るのかもしれない。

　この「訳者解題」では、特に本書の表題『大地に住む』について、少し詳しく説明しておきたい。原題は『Habiter《アビテ》 la《ラ》 Terre《テール》』なので、「地球に住む」と訳せないこともない。ただし、ブリュノ・ラトゥールが「住む」べき場所、立ち戻るべき場所と考えている「la《ラ》 Terre《テール》」とは、「地球」すなわち球形の天体のことではない。この点について最も明白な議論が展開されているのは、二〇一七年の著作『どこに着地すべきか』（邦題『地球に降り立つ』）においてである。[*2]

『どこに着地すべきか』の中で、ラトゥールは、近代化・グローバル化の運動の向かう先として仮定されていた地球の姿（「グローバル」の極、「第二のアトラクター」と呼ばれる。「アトラクター」とは「引き寄せるもの」を意味する）と、その運動に反発・抵抗してローカルなものを志向する先に仮定されていた地球の姿（「ローカル」の極、「第一のアトラクター」と呼ばれる）の間の綱引きの関係は、それぞれの極の抽象性・非現実性ゆえに既に破綻しており、両者の関係から軸をずらした別の場所に、地球環境（あるいは地上環境と言うべきか）の現実を受け止めた上で目指すべき大地の姿があるはずだと考え、これを「第三のアトラクター」として提示する。以下で示すように、ラトゥールはこの第三のアトラクターに「le Terrestre《ル テレストル》」という名を与えるが、私はこれを「地上性」と訳すことができると考える。ラトゥールはまた、第一のアトラクター（ローカル志向）と第二のアトラクター（グローバル志向）の間の近代化／反近代化の綱引きが破綻していることを理解しつつも地球環境の現実から逃避する方向性を、第四のアトラクターとして位置付け、これには「Hors-Sol《オルソル》」という名

＊1　例えばラトゥールは、オーディオブック『エコロジー的変動』第十一節で、会話の中でのさりげない付け足しの言葉のようにして、「私の命が脅かされているという事実」に言及している。
＊2　Bruno Latour, *Où atterrir ? Comment s'orienter en politique*, Paris : Éditions La Découverte, 2017. ブルーノ・ラトゥール著、川村久美子訳、『地球に降り立つ——新気候体制を生き抜くための政治』、新評論、二〇一九年。

を与えているが、これは「土壌の外」または〔第三のアトラクターとの対比をより強く意識して〕「地上の外」ないし「大地の外」と訳すことができる。

第三のアトラクターについて、ラトゥールは次のように記している。

> 最初の難点は、それに、他の二つのアトラクター〔第一、第二のアトラクター〕と混同されないような、一つの名を与えることである。「Terre《テール》」が良いだろうか。しかし宇宙空間から見た惑星のことだと思われてしまう。例の「青い惑星」である。「自然」はどうだろうか。それだとあまりにも広すぎるだろう。「ガイア」だろうか。それは正しいのだろうが、この言葉の用法を明確にするには非常に多くの量の文章が必要になるだろう。「Sol《ソル》」〔地表、土壌〕は、古い形式の地方性を強く示唆してしまう。「世界」はどうか。もちろん良いが、古い形式のグローバル化と混同される恐れがある。
>
> そうではなく、この動作主の驚くべき独創性〔そして驚くべき古さ〕を受け止めるような用語が必要である。とりあえず「le Terrestre《ル テレストル》」〔地上的なもの、地上性〕と呼んでおこう。それが一つの概念であることを特に強調するために、更にはそれが私たちの向かうべき新たな〈政治的行為者〉としての「地上性」であることを予め明確に示すために、「T」を大文字で記しておこう。[*3]

ここで押さえておくべき点が三つある。まず、我々が向かうべき極とされる第三のアトラクターを「Terre《テール》」と呼びたいところだけれど、この語には「惑星地球」という意味もあるので、そのように誤解されないようにしなければならない――このようにラトゥールが考えているという点である。ラトゥールが選択した「le Terrestre《ル テレストル》」という言葉は、名詞「Terre《テール》」に対応する形容詞に定冠詞を付けて改めて名詞化したものであり、「「Terre《テール》」的なもの」という意味になるが、このような操作によって回避されているのは、「Terre《テール》」が持つ「惑星地球」という意味合いであり、逆に言うならば、この語が持つ別の系列の意味である「地上」や「大地」が強く意識されている。つまり、私たちがそこに立っているこの具体的な条件としての「地上」ないし「大地」である。その次に「自然」という言葉が候補に挙がるのも、強調点がそこにあるからである。

次に、第三のアトラクターを「ガイア」と呼ぶことは正しいが、その場合、この語についての補足説明が必要になる――このようにラトゥールは述べている。この「ガイア」という概念については、二〇一五年の著作『ガイアに向き合う』[*4]の中でより詳しく論じられているが、本書第三章でも簡潔に次のように述べられている。「ガイア」はギリシア神話で「大地の女神」の名である。ジェー

＊3 *Ibid.*, pp. 55-56. 同訳書六七頁。この引用部分についての解説は、以下の論文の中で、晩年のラトゥールの思想における科学の位置付けを探るという文脈で、より詳しく展開されている。荒金直人、『連接』（慶應義塾大学教養研究センター文理連接研究会論考集）第2号（二〇二四年）所収、「ラトゥールの思想における科学とエコロジー」。

ムズ・ラヴロックは、地球における生命圏が生命活動自体によって作られていることを名指すのに、この言葉を用いた。この二点を踏まえて、ラトゥールは「ガイア」の概念を練り上げる。ラトゥールは、「それが同時に科学的、神話的、政治的な概念であることは重要です」と述べ、その上で、「ガイアが示すのと正確に同じ事実を示すのに」友人の科学者たちは「臨界領域」〔zone critique／クリティカル・ゾーン〕という言葉を使っている、と述べている。「臨界領域」とは、球体としての地球全体のことではなく、その表面の、生命活動が可能な領域のことである。「私たちが居るのは地球という天体の「中」ではないのです。私たちは塗料のような薄膜の上に、この地球の微細な薄膜の上に居るのです。厚さ数キロメートルのこの表面、それが臨界領域です」。このように、第三のアトラクター「地上性」は、補足説明付きで「ガイア」と言い換えることができるが、その場合の具体的な意味は「臨界領域」であり、それは、球体としての惑星地球とは明確に区別されるべきものだと述べられている。

三番目の点として、第三のアトラクター「地上性」〔または「大地性」。「惑星地球」とは区別された地上的・大地的なものの概念化〕は、一つの概念であり、新たな「政治的行為者」であるとされている。行為者〔acteur〕とは——動作主〔agent〕という言葉もほぼ同義であるが——他の様々な行為者と関係を結ぶことで実際的な行為ないし作用を生み出すあらゆる存在のことであり、あらゆる具体的・抽象的存在が行為者となり得るとされる。第一、第二、第四のアトラクターは既に機能している政治的行為者である。第三のアトラクターは、地上環境の具体的現実を踏まえて構築すべき新たな目標であり、その意味で新たな政治的行為者である。

この新たな政治的行為者である「地上性」が拠り所とすべき「地上」〔la Terre《ラテール》〕を、どのように理解すべきだろうか。『どこに着地すべきか』では更に次のような説明がある。*5

近代科学の端緒において地球の捉え方が革命的に変化した。それによれば、地球は数ある惑星のうちの一つでしかなく、類似する天体群からなる無限の宇宙に埋もれるようにして存在している。このような惑星的観点は、地球についての理解を大きく前進させたが、しかし歪めてしまった点もある。地球を無限の宇宙の中の数ある物理的対象のうちの一つとして地上から捉えることができるという事実と、その観点から構築される知識の有効性から、地球上で起こっていることを理解するには潜在的にであれ無限の宇宙からの視点を取る必要があるという考えへの飛躍が生じた。つまり、地上から遠方を理解できるという事実が、遠方から地上を理解しなければならないという義務に変質したのだ。そして、この宇宙からの眺め、「どこでもない場所からの眺め」が、新たな常識とな

＊4　Bruno Latour, *Face à Gaïa. Huit conférences sur le Nouveau Régime Climatique*, Paris : Éditions La Découverte, 2015. ブルーノ・ラトゥール著、川村久美子訳、『ガイアに向き合う——新気候体制を生きるための八つのレクチャー』、新評論、二〇二三年。

＊5　*Cf.* Bruno Latour, *Où atterrir ?*, *op. cit.*, pp. 87-88. 前掲書『地球に降り立つ』一〇五－一〇六頁（ただしこの邦訳書には非常に多くの誤訳が含まれているので、原典を参照せずに内容を理解することは不可能である）。

り、「合理的」や「科学的」という言葉がそれに結び付けられるようになった。

このような惑星的観点の難点は、ラトゥールによれば、実証的な知識によって捉えることのできる多くの類型の運動のうち、物体の落下運動に代表されるような一部の運動にのみに焦点が当てられることである。このことによって、とりわけ発生、誕生、成長、生命、死滅、腐敗、変態など、生命活動に関係するような種類の変容の扱いが難しくなる。「自然」〔nature〕という概念は、十七世紀まではあらゆる種類の運動を含意することができた（語源となるラテン語 natura《ナートゥーラ》やギリシア語 phusis《ピュシス》は、来歴、生成、過程、推移などを意味していた）が、「自然的」という言葉は次第に、外部から観察されるただ一つの類型の運動に関するものに割り当てられるようになった。「自然科学」という表現における「自然」にはこのような意味合いがある。このことは、例えば宇宙科学に関しては問題ないが、地上で起こる全てのことをこの方法で理解しようとするのは問題である。[*6]

更にラトゥールは、「惑星的観点と地上性との混同」を避けるべきだと述べ、惑星地球に関しては、例えばその気候変動を相対化して長い時間軸で見れば重要でないものと見做すことも可能だが、地上性の観点からはそのように対象から距離を取ることはできないと述べている。[*7] またラトゥールは、「宇宙に関する科学」と「〈過程としての自然〉に関する科学」を区別した上で、「前者が数ある天体のうちの一つとして捉えられた〔地球という〕惑星を起点とするのに対して、後者にとっては「大地」〔la Terre《ラ テール》〕が全く特異なものとして現れる」と述べている。[*8]

以上のことを踏まえて、ラトゥールは、上述の「臨界領域」に話を戻し、次のように記している。

実際のところ、驚くべき仕方で、この第三のアトラクター「地上性」に関して知るべきことは全て、大気圏と根源岩〔水中の有機物由来の堆積岩〕の間の厚さ数キロメートルの、宇宙空間から見ると微小な領域に限定される。〔中略〕あなたに関係する全てのことは、この微小な臨界領域の中にある。私たちにとって重要な科学は全てそこを起点とし、しかしまたそこに回帰する。[*9]

以上のことから明らかなように、ラトゥールが住むべき場所、立ち戻るべき場所と考えているのは、惑星としての地球ではなく、臨界領域という言葉がより具体的に表現するような、私たちがそこに立っている具体的な「大地」なのである。これが、本書の表題『Habiter la Terre《アビテラテール》』に含まれる「la Terre《ラテール》」を「地球」ではなく「大地」と訳した理由である。

他方で、「habiter《アビテ》」という動詞に関しては、特に何の工夫もなく「住む」と訳して問題ないだろう。本書では特に「居住可能性／habitabilité《アビタビリテ》」という言葉が多用される。例えば本書の「序文」

＊6　*Cf. ibid.*, pp. 89-90. 邦訳前掲書一〇六－一〇七頁。
＊7　*Cf. ibid.*, p. 94. 邦訳前掲書一一二頁。
＊8　*Cf. ibid.*, p. 97. 邦訳前掲書一一七頁。
＊9　*Cf. ibid.*, p. 101. 邦訳前掲書一二二頁。

でニコラ・トリュオングは次のように述べている。「今や私たちは、大地の外で生きるのではなく、〔臨界領域という〕その被膜に「着地」して、その被膜の居住可能性の条件を維持しなければならない」。

ここで「着地」と訳したのは「atterrir《アテリール》」という動詞で、「terre《テール》」〔大地、陸地〕への移動を意味する。トリュオングがこの言葉を括弧に入れて強調しているのは、二〇一七年の著作『どこに着地すべきか』を意識しているからである。この著作の原題は『Où atterrir ?』で、邦訳では『地球に降り立つ』と題されているが、直訳して『どこに着地すべきか』とするか、あるいは少なくとも「地球」という言葉を避けて、『大地に降り立つ』とすべきではなかっただろうか。往々にして著者は、自分の著作の題名に少し深い意味を持たせたり、二重の意味を持たせたりする。一般論として、訳書に直訳から大きく外れた題名を付ける場合は、細心の注意が必要である。

最後に、著者の名前の日本語表記について、どうしても確認しておく必要があるように思われる。ブリュノ・ラトゥール（Bruno Latour, 1947-2022）は、生涯フランス国籍のみを有したフランス人だった。その著作の大部分はフランス語で書かれ、フランス語で出版されている。もちろん英語を含む数多くの言語に翻訳されている。一部、直接英語で書かれたもの、あるいは少なくとも英語版がフランス語版より先に出版されたものもある。初期の著作『ラボラトリー・ライフ』[*10]、『科学が作られているとき』[*11]、中期の著作『パンドラの希望』[*12]、『社会的なものを組み直す』[*13]などが、その事例に該当する。一九九九年に『科学が作られているとき』の日本語訳が産業図書から刊行された際に、英語版からの翻訳ということもあり、著者名が「ブルーノ・ラトゥール」とされた。次に二〇〇七年に『パンドラの希望』の日本語訳（邦題『科学論の実在』）が同じ産業図書から刊行された際に、やはり英語版からの翻訳ということもあり、「ブルーノ・ラトゥール」という表記が踏襲され

＊10　Bruno Latour and Steve Woolgar, *Laboratory Life. The Construction of Scientific Facts*, London : Sage Publications, 1979 ; Princeton : Princeton University Press, 1986 ; trad. Michel Biezunski : *La vie de laboratoire. La production des faits scientifiques*, Paris : Éditions La Découverte, 1988. ブリュノ・ラトゥール＋スティーブ・ウールガー著、立石裕二・森下翔監訳、『ラボラトリー・ライフ――科学的事実の構築』、ナカニシヤ出版、二〇二一年。

＊11　Bruno Latour, *Science in action. How to follow scientists and engineers through society*, Cambridge, Mass. : Harvard University Press, 1987 ; trad. Michel Biezunski : *La science en action. Introduction à la sociologie des sicneces*, Paris : Éditions La Découverte, 1989. ブルーノ・ラトゥール著、川崎勝・高田紀代志訳、『科学が作られているとき――人類学的考察』、産業図書、一九九九年。

＊12　Bruno Latour, *Pandora's Hope. Essays on the Reality of Science Studies*, Cambridge, Mass. : Harvard University Press, 1999 ; trad. Didier Gille : *L'espoir de Pandore. Pour une version réaliste de l'activité scientifique*, Paris : Éditions La Découverte, 2002. ブルーノ・ラトゥール著、川崎勝・平川秀幸訳、『科学論の実在――パンドラの希望』、産業図書、二〇〇七年。

＊13　Bruno Latour, *Reassembling the Social. An Introduction to Actor-Network-Theory*, Oxford : Oxford University Press, 2005 ; trad. Nicolas Guilhot, *Changer de société, refaire de la sociologie*, Paris : Éditions La Découverte, 2006. ブリュノ・ラトゥール著、伊藤嘉高訳、『社会的なものを組み直す――アクターネットワーク理論入門』、法政大学出版局、二〇一九年。

た。この二冊の影響が大きかったのだと思われる。これ以降、明らかに誤りである「ブルーノ」という英語風の表記が一般化されることになる。新評論から刊行された川村久美子訳の三冊（『虚構の「近代」』[*14]、『地球に降り立つ』[*15]、『ガイアに向き合う』[*16]）は、いずれもフランス語原典の英語訳の日本語訳、つまり重訳であるが、ここでも「ブルーノ」という表記が踏襲されている。この場合、著者名も英語を経由して重訳されていると考えることができる。

しかし、外国人の名前を日本語で表記する場合、なるべく元の発音に近い表記を選択するのが常識であり、原則ではないだろうか。「Bruno」というのはフランス人の名前としては一般的なものであり、例えば本書でも言及される社会学者ブリュノ・カルサンティも同じ名前である。因みに二〇二一年の「京都賞」思想・芸術部門の受賞者の名前は、正式に「ブリュノ・ラトゥール」である。フランス人の「Bruno」という名前を「ブルーノ」と表記することの違和感は、フランス語を理解する日本人にとってはかなり大きい。時間の問題だとは思うが、早く正常化されることが望ましい。

二〇二四年六月　荒金直人

＊14　Bruno Latour, *Nous n'avons jamais été modernes. Essai d'anthropologie symétrique*, Paris : Éditions La Découverte, 1991. ブルーノ・ラトゥール著、川村久美子訳、『虚構の「近代」——科学人類学は警告する』、新評論、二〇〇八年。

＊15　Bruno Latour, *Où atterrir ? Comment s'orienter en politique*, Paris : Éditions La Découverte, 2017. ブルーノ・ラトゥール著、川村久美子訳、『地球に降り立つ——新気候体制を生き抜くための政治』、新評論、二〇一九年。

＊16　Bruno Latour, *Face à Gaïa. Huit conférences sur le Nouveau Régime Climatique*, Paris : Éditions La Découverte, 2015. ブルーノ・ラトゥール著、川村久美子訳、『ガイアに向き合う——新気候体制を生きるための八つのレクチャー』、新評論、二〇二三年。

著者紹介

ブリュノ・ラトゥール（Bruno Latour, 1947-2022）

人間・非人間に拘らず、あらゆる物理的・抽象的・概念的存在を行為者と見做し、無数の行為者の関係としてのこの世界の構築的・被構築的性質を捉えようとしたフランスの哲学者。科学と政治の関係を問い、両者を分離して制御しようとした近代特有の構造では捉え切れないものとして、地球環境問題に注目した。第36回（2021年）京都賞 思想・芸術部門受賞。主な邦訳文献として『パストゥール あるいは微生物の戦争と平和、ならびに「非還元」』（荒金直人訳、以文社）、『ラボラトリー・ライフ――科学的事実の構築』（スティーヴ・ウールガーとの共著、立石裕二／森下翔監訳、ナカニシヤ出版）、『科学が作られているとき――人類学的考察』（川崎勝／紀代志訳、産業図書）、『虚構の「近代」――科学人類学は警告する』（川村久美子訳、新評論）、『科学論の実在――パンドラの希望』（川崎勝／平川秀幸訳、産業図書）、『社会的なものを組み直す――アクターネットワーク理論入門』（伊藤嘉高訳、法政大学出版局）、『近代の〈物神事実〉崇拝について――ならびに「聖像衝突」』（荒金直人訳、以文社）、『諸世界の戦争――平和はいかが？』（工藤晋訳、以文社）、『地球に降り立つ――新気候体制を生き抜くための政治』（川村久美子訳、新評論）、『ガイアに向き合う――新気候体制を生きるための八つのレクチャー』（川村久美子訳、新評論）など。

聞き手

ニコラ・トリュオング（Nicolas Truong, 1967-）

フランスの『ル・モンド』紙の「思想・討論」部門の記者として著名。哲学者との対談が多い。邦訳書として、アラン・バディウとの共著『愛の世紀』（市川崇訳、水声社、2012年）がある。近著として、エッセイ『論評の社会』（*La Société du commentaire*, L' Aube/Le Monde, 2022）などがある。

訳者紹介

荒金直人（あらかね　なおと）
1969年生まれ。ニース・ソフィア・アンティポリス大学（フランス）にて哲学博士号を取得。慶應義塾大学理工学部准教授。著書に『写真の存在論――ロラン・バルト『明るい部屋』の思想』（慶應義塾大学出版局）、訳書にジャック・デリダ著『フッサール哲学における発生の問題』（合田正人との共訳、みすず書房）、ブリュノ・ラトゥール著『近代の〈物神事実〉崇拝について――ならびに「聖像衝突」』（以文社）、ブリュノ・ラトゥール著『パストゥール あるいは微生物の戦争と平和、ならびに「非還元」』（以文社）など。

大地に住む

ニコラ・トリュオングとの対談録

2024年7月31日　初版第1刷発行

著　者　ブリュノ・ラトゥール

訳　者　荒金直人

発行者　大　野　真

発行所　以　文　社

〒101-0051 東京都千代田区神田神保町2-12

TEL 03-6272-6536　　FAX 03-6272-6538

http://www.ibunsha.co.jp/

印刷・製本：中央精版印刷

ISBN978-4-7531-0389-8

—— ブリュノ・ラトゥールの仕事（以文社既刊書より）

文化と自然、人間とモノ、さまざまな二項対立的・二元論的な「近代」のあり方を問い直してきた、ラトゥール人類学の核心的作品。

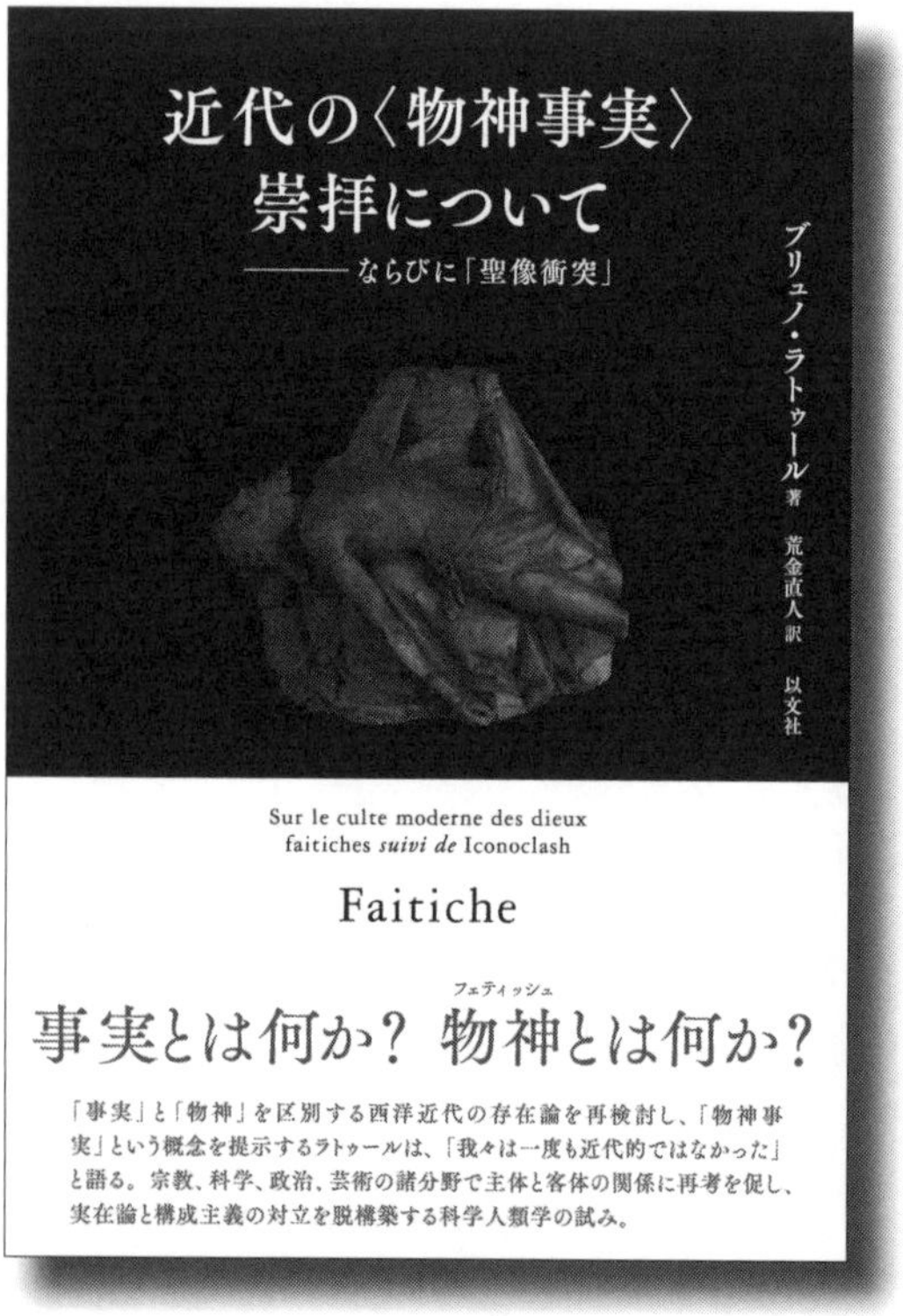

近代の〈物神事実〉崇拝について——ならびに「聖像衝突」

荒金直人 訳　　四六判・248 頁　本体価格 2600 円

パストゥール
あるいは微生物の戦争と平和、ならびに「非還元」
荒金直人 訳　　A5 判・528 頁・本体価格 5000 円